JN087492

図解入門
ow-nual
ual Guide Book

よくわかる 最新

Oracle
データベースの
基本と仕組み

DBエンジニア&情シスのための基礎知識

［第6版］

株式会社ブリリアント・スタッフ
水田 巴 著

秀和システム

はじめに

　早いもので、2002年に第1版となる『図解入門 最新よくわかる最新Oracleデータベースの基本と仕組み』を書かせていただいてから、もう22年の年月が過ぎ、その間にOracle Databaseは、インターネットの9iからグリッドコンピューティングの10g、そしてクラウドの19c、そして現在は本書で取り上げた最新の23cへと変遷を続けています。

　Oracleは世界シェア1位で日本国内でもクラウドを中心に好業績をあげていますが、巨大化したそれはすでにデータベース製品としてとらえられるレベルを超えており、アプリケーションサーバー製品やパッケージ、クラウドサービスその他を幅広く包含した総合的な製品となっています。

　本書は、Oracle Databaseを使ったことがなく、機能のイメージのわかないSIerや情報システム部の新人の方、あるいは他社製のデータベース製品しか知らない方などに、膨大な機能を持つOracle Databaseの全体像を俯瞰していただけるように執筆いたしました。

　したがって、本書は、そういった方々のガイドラインを目的とし、個々のSQL文やパラメータなどについて詳しくご紹介することは、ほかの専門書に譲ることにいたしました。

　本書は、大きく3部構成になっています。第Ⅰ部では、最新製品としてOracle Databaseや Oracle Cloudのサービスの概要を紹介し、続く第Ⅱ部では最低限知っているべきOracle Databaseの基礎知識を、最後に第Ⅲ部でOracle Databaseの主要機能について要点を解説しました。

　なるべく平易な表現で基本的なアーキテクチャや仕組みについての解説を心がけたつもりです。Oracleの巨大さに対してこのようにお限られたページ数の中では、いろいろと説明も不足しているとは思いますが、読んだ方にわずかでも「あれはそういう意味だったのか」「新しい機能はこうなのか」と得るものがあれば、筆者としては、この上なく幸いです。

　今や「クラウド」は普通になり、更に「ＡＩ」というキーワードが溢れる中、今後のOracleがどのように対応していくのかは、筆者としても興味深いところです。

　最後に、本書の執筆に当たって、古くからの技術者の友人N氏に大変お世話になりました。また初版から長いお付き合いとなりました担当編集者の岩崎真史さんにも厚くお礼を申し上げます。

2024年初春　著者記す

How-nual
図解入門

図解入門
よくわかる最新

Oracleデータベースの
基本と仕組み[第6版]

CONTENTS

第Ⅰ部　オラクル社とデータベース

第1章　データベースと言えば、やっぱりOracle

1-1　Oracle Databaseの歴史 12

1-2　オラクル社の製品構成 14

1-3　Oracle Databaseの特徴 16

1-4　Oracle Database 23cの特徴 19

1-5　Oracle Databaseのバージョンごとの進化 25

第2章　Oracle Cloud

2-1　Oracle Cloud 28

2-2　主要なクラウドサービス（SaaS） 33

2-3　主要なクラウドサービス（IaaS） 35

2-4　主要なクラウドサービス（PaaS） 41

2-5　Always Free 45

コラム オラクル社とオープンソース 46

第Ⅱ部　Oracle Databaseの基礎知識

第3章 Oracle Databaseの基本構造

3-1　データベース製品の中のOracle Databaseの位置づけ................................48

3-2　SQL、PL/SQL..51

3-3　インスタンス..57

3-4　プロセス...62

コラム オラクル社最大の年次イベント、Oracle Cloud World..............65

3-5　データベースの論理構造..66

3-6　データベースの物理構造..71

3-7　トランザクション...76

第4章 データベースオブジェクト

4-1　ユーザーとスキーマ..80

4-2　権限とロール..82

コラム オラクル社の製品を安く（？）買う方法..............................89

4-3　表...90

4-4　索引..93

4-5　ビュー...95

4-6　順序..97

4-7　シノニム..99

4-8　ストアドプログラム..102

4-9　制約...105

第5章 データベースへの接続

5-1　データベース接続の基礎 108

5-2　接続に用いるクライアントツール 111

5-3　基本的な接続方法 113

5-4　応用的な接続方法 116

コラム 高性能で大容量のOracle Exadata Database Machine........................118

第6章 その他基礎知識

6-1　初期化パラメータ 120

6-2　データディクショナリと動的パフォーマンスビュー 123

6-3　実行計画 127

6-4　アラートログ、トレースファイル 130

コラム ラリー・エリソンと1977年（1） 131

6-5　ユーティリティ 132

コラム ラリー・エリソンと1977年（2） 133

6-6　その他のツール 134

コラム トランザクションとACID特性（1） 135

コラム トランザクションとACID特性（2） 136

第Ⅲ部　Oracle Databaseの主要機能

第7章 マルチテナント

7-1　マルチテナント 138

コラム SQLを無償で勉強する方法（1）................................. 141

7-2　PDBのクローニング 142

7-3　PDB単位の操作 145

コラム SQLを無償で勉強する方法（2）................................. 146

7-4　アプリケーションコンテナ 147

第8章 パフォーマンス関連機能

8-1　パラレル処理 150

8-2　パーティション 152

8-3　データ圧縮 158

8-4　実行計画管理機能 160

コラム Oracleの管理者パスワードが使えない？（1）............ 161

コラム 秘密鍵方式と公開鍵方式 162

第9章 セキュリティ関連機能

9-1 認証の強化 164

コラム 社員犬制度 165

9-2 監査 166

コラム Oracleの管理者パスワードが使えない？（2）............... 167

9-3 暗号化 168

9-4 Database Vault 170

コラム コストパフォーマンスが高いDatabase Applicance 171

9-5 ブロックチェーン表 172

コラム NULL って、なんだろう？（1）.............................. 173

コラム Oracle Databaseの保守契約 174

第10章 バックアップとリカバリ

10-1 バックアップとリカバリの基本 176

10-2 Recovery Manager（RMAN）................................... 178

コラム NULL って、なんだろう？（2）.............................. 181

10-3 フラッシュバック機能 182

コラム 順序は何桁あれば尽きない？ 187

コラム オラクル社の製品情報の入手先 188

第11章 高可用性関連機能

11-1 Oracle Clusterware 190

コラム JPOUGに参加してみよう！ 191

11-2 Real Application Clusters（RAC）.................................... 192

11-3 Oracle Data Guard 197

11-4 Sharding/Globally Distributed Database 203

11-5 その他の高可用性関連機能 207

コラム DUAL表 208

第12章 分散データベース

12-1 データベースリンク 210

12-2 マテリアライズドビュー 214

コラム NULL って、なんだろう？（3）.............................. 217

12-3 Transactional Event Queue（TEQ）........................... 218

12-4 Oracle GoldenGate（GG）.. 220

第13章 運用管理

13-1 Oracle Enterprise Manager（OEM）............................ 224

13-2 Automatic Database Diagnostic Monitor（ADDM）.... 227

13-3 Automatic Workload Repository（AWR）................... 229

13-4 アドバイザ機能 231

第14章 その他の機能

14-1 Oracle REST Data Service（ORDS）.. 234

14-2 Oracle Application Express（APEX）... 236

14-3 Oracle Text.. 238

14-4 地理情報とグラフ情報... 239

コラム サンプルスキーマ 239

14-5 JSON/XML対応... 240

14-6 旧バージョンからのアップグレード 244

索引 249

第Ⅰ部　オラクル社とデータベース

データベースと言えば、やっぱりOracle

まず最初に、Oracle Database がどのような製品で構成され、どんな機能や特徴を持つのかをオラクル社の歴史などを交えて紹介していきます。

1-1

Oracle Databaseの歴史

皆さんも、Oracle（オラクル）という名前を何度か耳にされたことがあるかと思います。Oracle Databaseは、世界で最も利用されているデータベース管理システムです。

▶▶ 世界初の商用RDBMS

Oracle Databaseは、SQL*に準拠して開発された世界初の商用の**リレーショナル・データベース管理システム***（Relational DataBase Management System：RDBMS）です。

ラリー・エリソン*らによって1977年に設立された米オラクル社の前身、リレーショナル・ソフトウェア社から初めて製品が世に出たのが1979年*ですから、すでに40年以上の歴史があります。

1983年には、オープンシステム時代の先駆者としてメインフレーム*やミニコン、パソコンなどの異なるプラットフォームで共通に稼働する最初のRDBMSを発表し、日本でも1985年10月に日本オラクル株式会社が設立され、「Oracle RDBMS V4 日本語版」を発表しています。

Oracle Databaseは、1992年発売の「Oracle7」でマーケットシェアトップを不動のものとし、現在もシェア1位を維持しています。その後、「Oracle8」の次の「Oracle8i*」より、バージョン番号の後に製品の特徴を表す小文字が製品名に付加されるようになりました。

また「Oracle Database 12c*」の次のバージョンである「Oracle Database 18c」より、バージョン番号の体系が西暦の下2桁に変更となり、毎年、新バージョン*を出荷する形に変更されました。

＊**SQL** アイ・ビー・エム社によって開発されたデータベース操作用の言語。3-2節「SQL、PL/SQL」を参照。
＊**リレーショナル〜管理システム** 3-1節「データベース製品の中のOracle Databaseの位置づけ」を参照。
＊**ラリー・エリソン** Larry Ellison（正確には、Lawrence Joseph Ellison）。1944年8月17日、米国ニューヨーク生まれ。
＊**1979年** アイ・ビー・エム社でも1981年に「SQL/DS」、1983年に「DB2」をリリースしている。
＊**メインフレーム** 企業の基幹業務システムなどに使われる大型汎用コンピュータのこと。
＊**8i** 「i」は、インターネット（internet）のiに由来する。
＊**12c** 「c」は、クラウドコンピューティング（cloud computing）のcに由来する。
＊**毎年、新バージョン** ただし、次ページ「Oracle Databaseの歴史」の図のように、新バージョンが出荷されていない年もある。

データベースと言えばやっぱりOracle

第1章

　本書では、この世界標準のRDBMSであるOracle Databaseの全容を、執筆時（2024年3月）の最新バージョンであるOracle Database 23cをベースに、初心者の方にもわかりやすく解説していきます。ただし、未実装の一部機能*に関しては、19c/21cベースの解説となりますことをご理解ください。

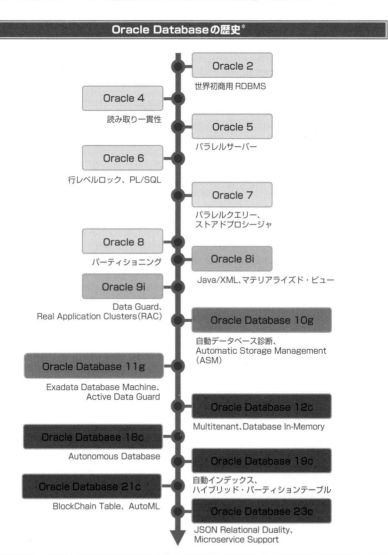

Oracle Databaseの歴史*

Oracle 2
世界初商用RDBMS

Oracle 4
読み取り一貫性

Oracle 5
パラレルサーバー

Oracle 6
行レベルロック、PL/SQL

Oracle 7
パラレルクエリー、
ストアドプロシージャ

Oracle 8
パーティショニング

Oracle 8i
Java/XML、マテリアライズド・ビュー

Oracle 9i
Data Guard、
Real Application Clusters(RAC)

Oracle Database 10g
自動データベース診断、
Automatic Storage Management
(ASM)

Oracle Database 11g
Exadata Database Machine、
Active Data Guard

Oracle Database 12c
Multitenant、Database In-Memory

Oracle Database 18c
Autonomous Database

Oracle Database 19c
自動インデックス、
ハイブリッド・パーティションテーブル

Oracle Database 21c
BlockChain Table、AutoML

Oracle Database 23c
JSON Relational Duality、
Microservice Support

---

* **未実装の一部機能**　Real Application Clusters、Globally Distributed Database（旧バージョンでのShardig）、TrueCache（23c新規追加機能）、Vector Database（23c新規追加機能）が該当する。

* **Oracle Databaseの歴史**　「https://www.oracle.com/jp/a/ocom/docs/j-lisfair2023_04_db23c.pdf」をベースに作成。

1-2

オラクル社の製品構成

オラクル社は、Oracle Databaseが中核製品ではあるものの、実際にはハードウェアから業務アプリケーションまで、ビジネスを効率的に行うための様々なソリューションを提供しているITベンダーです。

▶▶ データベースを核にしたソリューションシステム

一般的に**オラクル社**は、Oracle DatabaseというRDBMSのイメージが強いと思いますが、長年の新規製品の開発および買収の結果、ハードウェアや開発ツール、業務アプリケーション、クラウドサービスなど、業務システムを構成するほとんどの要素を提供している総合ITベンダーに変貌しています。

特に2009年のサン・マイクロシステムズ社の買収という、世界初のソフトウェアベンダーによるハードウェアベンダーの買収により、ソフトウェア専業ITベンダーから総合ITベンダーとなりました。

オラクル社の主要製品構成（クラウドサービスを除く）	
	個別製品
データベース	Oracle Database（汎用RDBMS）
	MySQL（Web向けRDBMS）
	NoSQL Dastabase（KVS DBMS）
	TimesTen（インメモリ型RDBMS）
	Berkeley DB（組み込み型DBMS）
	Essbase（多次元DBMS）
開発ツール	Java
	NetBeans（Java開発）
	JDeveloer（Java開発）
	Data Integrator（ETL）

ミドルウェア (Fusion Middleware)	WebLogic（アプリケーションサーバー）
	BIEE（ビジネスインテリジェンス分析）
	Coherence（インメモリ KVS）
	Tuxedo（TP モニター）
	GoldenGate（データレプリケーション）
	Identity Management（ID 管理）
運用管理	Enterprise Manager（統合運用管理）
	Secure Backup（テープバックアップ）
OS	Solaris
	Oracle Linux
ハードウェア	SPARC Server
	Sun x86 Server
	ストレージ（NAS）
基本クラウドサービスの SaaS サービスに移行	汎用業務アプリケーション
	E-Business Suite
	Fusion Applications
	PeopleSoft
	JD Edwards
	Siebel
	Endeca（汎用分析）
	個別業務 / 業種向けアプリケーション
	RightNow（Customer Experience）
	Eloqua（マーケティング）
	FLEXCUBE（銀行業務）
	Retail（小売業務）
Engineered Systems (H/W,S/W 一体型製品)	Exadata(データベースサーバー)
	Database Appliance(小規模データベースサーバー)
	Private Cloud Appliance(仮想化サーバー)
	Zero Data Loss Recovery Appliance(データベースバックアップサーバー)

1-3

Oracle Databaseの特徴

Oracle Databaseの特徴として、その拡張性や汎用性、さらに他社の製品にはない優れた構造・機能などが挙げられます。また、操作やチューニングといった技術情報が比較的容易に入手できるのもOracle Databaseの特徴の1つです。

▶▶ コンバージド・データベース（Converged Database）

Oracle Databaseはその歴史の古さから、アーキテクチャが古い古典的なRDBMSというイメージが強いかもしれません。実際はオブジェクト・データベースやJSONドキュメントストアなどRDBMS向きではないデータのハンドリングもできるマルチモデル型のデータベースとなります。また、APEX（14-2節を参照）などデータベースとは異なる機能も包含しています。

こういった汎用性の高さを表す特徴として、オラクル社はOracle Databaseを**コンバージド・データベース**という名称で特徴を付けています。

▶▶ 優れたロック機能

後章で「**行ロック**」や「**読み取り一貫性**」といった専門的な用語を詳しく説明しますが、「完全な行ロックの制御」や「読み取り一貫性の確保」といった機能も、Oracle Databaseの優位性を印象付けているものです。

Oracle Databaseは、ずっと以前からこの機能を実装していますが、他社のRDBMSはいまだOracle Databaseと同等のロック機能を提供できておらず、結果、製品間の特に負荷が高い際のパフォーマンス差として現れて来ています。

ロックエスカレーションは、具体的には、1行だけロックしたはずなのに、あるタイミングで勝手にもっと大きな単位でロックがかかってしまう現象です。

Oracle Databaseでは、このような現象は起きません。常に必要最低限の範囲でロックがかかるように制御されています。こういった機能をOracle Databaseは、ずっと以前から実装していました。

なお、ロックのメカニズムの詳細は、3-7節をご参照ください。

第1章　データベースと言えば、やっぱりOracle

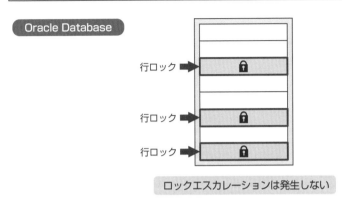

Oracle Databaseと他社製のRDBMSにおけるロック機能の比較

Oracle Database

行ロック

行ロック

行ロック

ロックエスカレーションは発生しない

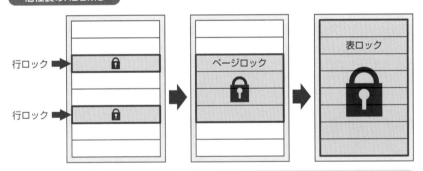

他社製のRDBMS

行ロック

行ロック

ページロック

表ロック

行➡ページ➡表とロックが拡大していくロックエスカレーションが発生する

▶▶ 充実した高可用性構成

　第11章で詳述しますが、Oracle Databaseは「Real Application Clusters」「Globally Distributed Database」「Data Guard」など、他社製品より多くの**高可用性構成**をとることができ、また、これらを組み合わせて使用することが可能です。

▶▶ そのほかの特徴

　Oracle Databaseの優位性は、こういった基本性能だけではありません。軍用
に堪えるセキュリティ機能、パフォーマンス関連の機能の充実、きめ細かいデー
タベース管理、PL/SQLを中心としたデータベース・サイドのプログラミングな
ど、オラクル社のデータベース系の技術者でさえ網羅しきれないほどの多機能さ
もOracle Databaseの大きな魅力となっています。

　また、Oracle Databaseは、その圧倒的なシェアと、オラクル社が積極的に技
術情報を公開していることもあり、市販の技術書や解説書が格段に多く、またイ
ンターネット上にも各種の技術情報が豊富に公開されています。

1-4

Oracle Database 23cの特徴

2023年9月のOracle Cloud WorldにてOracle Database 23cが発表され、Oracle Cloud上で利用が可能になりました。本書執筆時（2024年3月）ではオンプレミス版はまだ正式版が出荷されておらず、機能と使用可能なハードウェアリソースが制限されたフリー版が提供されています。本節ではOracle Database 23cの特徴と製品体系を解説します。

▶▶ 開発者向け機能の充実

Oracle Databaseと言えば、高可用性機能やセキュリティ系機能など、データベース管理者向けの機能が重視される傾向にありました。しかし、**Oracle Database 23c**では他社RDBMSではポピュラーでしたがOracle Databaseには存在しなかったSQL構文を多数採用するなど、SQLアプリケーション開発者を意識した新機能が多く追加されています。

▶▶ JSON機能の充実

14-5節で詳述しますが、JSON対応機能は12cから始まり、21cでJSON専門のデータ型が追加されるなど少しずつ進化しています。23cではJSON Dualityという従来のリレーショナル表のまま、JSON経由の取り出しや変更を可能にするビュー*の機能が追加されています。

▶▶ リアルタイム/自動パフォーマンスチューニング

機械学習を使用して統計情報*の収集の精度を高める機能や、パフォーマンスの低下を検知して自動でチューニングを試みる機能が追加されています。

＊**ビュー**　4-5節「ビュー」を参照。
＊**統計情報**　6-3節「実行計画」を参照。

▶▶ Oracle Database 23cのエディション

　本書執筆時にオンプレミス（ライセンス）版の23cが提供されていないため、確定情報ではありませんが、19c/21cと同様の可能性が高いため、19c/21cベースの情報で解説します。

　Oracle Database23cには、①Enterprise、②Standard、③Personalという3つのエディションがあります。Enterpriseには、さらに機能を付加するオプション製品が存在します。

　また、Oracle Databaseを管理するためのツールであるOracle Enterprise Manager（OEM）にもオプション製品が存在します。これらオプション製品の一部の機能はコマンド化されており、GUIベースではなく、コマンドベースで使用するのであれば、OEMの起動は不要です。

　下記の表に、Oracle Database 23cのエディションと、Oracle Database 19c Enterprise Editionのオプション、およびOEM 23cのオプションについてまとめます。

Oracle Database 23cのエディション	
エディション名	説明
Enterprise Edition (EE)	大量のオンライントランザクション処理(OLTP)や規模データベース、超ミッション・クリティカルなシステムに耐えうる、Oracle Database の中で一番高機能なエディション。Oracle Databaseの機能を拡張するオプション製品を追加することが可能。ExadataやDatabase Applianceといった、Oracle Databaseを搭載しているEngineered Systemsに搭載されているエディションでもある
Standard Edition Two (SE2)	EEから一部のデータウェアハウス系の機能や高用性機能を省いた分、ライセンス費用を抑えた標準的なエディション。また機能だけでなく、インストール対象マシンの規模が4ソケット以下の機器と制限されている。機能やインストール対象を制限されている分、EEよりも廉価となる。また、19cより、18cまで利用可能であったSE RACが廃止されている点にも注意
Personal Edition	スタンドアローンでの使用に制限されたエディション。その代わり、EEの標準機能がすべて利用でき、RACのような複数マシン前提のオプションを除いて、オプション製品のライセンスが付与されている(オプション製品の機能の利用も可能)。デモ環境や、開発者が使用するマシンにインストールして一人ずつ開発用途で使用することを想定したエディション

Oracle Database 23c Enterprise Editionのオプション

オプション	説明
Multitenant	1つのインスタンスで複数のデータベースを起動・管理することを可能にする(第7章を参照)
Real Application Clusters（RAC）	シェアード・エブリシング型クラスタシステムを提供(11-2節を参照)
Real Application Clusters One Node	RACの1ノード版。高可用性を実現するいわゆるHA構成をとる際に使用するライセンス
Active Data Guard（ADG）	EE標準機能のData Guard(Physical Standby)にデータ参照機能とデータ自動修復機能などを追加する(11-3節を参照)
Partitioning	テーブルやインデックスをパーティションと呼ばれる複数の領域に分け、効率的な管理やパフォーマンスの向上を図る(8-2節を参照)
Real Application Testing（RAT）	あるデータベースで流れたSQLをキャプチャし、それらを別の環境で再現させる機能。バージョンアップやパラメータ・チューニングを実施した際のSQLの影響を調査する機能もある
Advanced Compression Option（ACO）	テーブルやバックアップ・ファイルなどの圧縮を行う(8-3節を参照)
Advanced Security Option（ASO）	テーブル上のデータやバックアップの暗号化、SELECTデータのマスキングを行う
Database In-Memory	インメモリ・テーブル機能などを提供
Label Security	ラベルという概念を用いた、非常に細かいデータアクセス権管理を可能にする
Database Vault	データベース管理ユーザーを含め、非常に強力な権限管理を行う(9-4節を参照)

Oracle Enterprise Manager 13cのオプション

オプション	説明
Diagnostics Pack	Oracle Databaseの稼動統計情報の収集と分析を行う(13-1節を参照)
Tuning Pack	データベースやSQLのチューニングを支援する機能を提供。Diagnostics Packの導入が前提となる(13-1節を参照)
Lifecycle Management Pack	データベースの構成管理やパッチ自動適用機能など、運用管理を便利にする機能を提供する(13-1節を参照)
Data Masking and Subsetting Pack	本番データベースのデータをマスクして新しいテーブル/データベースを複製する。テストデータの作成用機能(13-1節を参照)
Cloud Management Pack for Oracle Database	リソース配分やデータベースのプロビジョニング、課金管理など、Oracle Databaseを利用してクラウド・サービスを提供する際に便利な機能を提供。Lifecycle Management Packの導入が前提となる(13-1節を参照)

Oracle Database 23cのライセンス体系

　前述のとおり、本書執筆時にオンプレミス（ライセンス）版の23cが提供されていないため、19c/21cベースの情報で解説します。

　Oracle Database 23cのライセンス体系は、プロセッサ単位またはユーザー単位で構成されます。

　それぞれサポート契約を締結すれば、電話やメール、Webによる質問だけでなく、最新パッチも入手でき、MOS＊の技術情報ナレッジベースにアクセスする権利を得られます。それゆえ、サポート契約を結ぶことを強く推奨しておきます。特にパッチ情報については、サポート契約対象者以外にはパッチの存在すらも公開されていません。

　なお、下記の料金などの情報は、本書執筆時での情報であり、予告なく変更されることがありますので、必ず最新情報を日本オラクル社のWebサイト「価格表」にある資料＊などでご確認ください。

●Processorライセンス

　プロセッサ単位のライセンスです。例えばインターネットで公開するようなケースで、不特定多数のユーザーのアクセスが想定されるような場合には、通常このタイプのライセンスを契約します。

Processorライセンスの料金		
	EE	SE2
1プロセッサあたり	¥6,650,000	¥2,450,000
年間サポート料	¥1,463,000	¥539,000

●Named User Plus（NUP）ライセンス

　開発環境を意識した、データベースにアクセスするユーザー数をベースにしたライセンスです。製品をインストールするコンピュータのプロセッサ数やプラットフォームに関わらず、最小ユーザー数が必要です。

＊ **MOS** My Oracle Supportの略。オラクル製品のサポート用サイト。
＊ **日本オラクル社～資料** 「https://www.oracle.com/jp/a/ocom/docs/jpy-tech-localizablepl.pdf」で閲覧が可能。

Named User Plus（NUP）ライセンスの料金			
	EE	SE2	PE
1NUP あたり	¥133,000	¥49,000	¥64,400
年間サポート料	¥29,260	¥10,780	¥14,168
1プロセッサあたり最小NUP数	25 ユーザー	5 ユーザー	1 ユーザーのみ
1プロセッサあたり最小構成時価格	¥3,325,000	¥245,000	－

●プロセッサ数とコア数

　マルチコアCPUの普及に伴い、ライセンスにおけるプロセッサのとらえ方も変化してきました。

　日本オラクル社は、従来は「1コア＝1CPU」ととらえてライセンス計算をしてきましたが、時代の要請によりこれを「1コア＝0.25プロセッサ～1プロセッサ」という**コア係数**に変更しました。

　換算比率は、CPUにより若干異なり、現在の主流のIntel/AMDのCPUの場合、「1コア＝0.5プロセッサ」となります。

　なお、SEやSE2の「ソケット数」は、コア数ではなく、CPUソケット数（いわゆる「石」の数）となります。ただしソケット内に多数のコアが存在していても16スレッド（ハイパースレッディング有効時は8コア、無効時は16コア）しか利用されない仕様になっています。

　最近はARMベースのプロセッサも普及しており、23cでもARMチップ向けのライセンスが提供される見込みですが、ARMチップ向けのコア係数は0.25になっています。

　マルチコア用の新ライセンスは、一部の例外を除き、アプリケーションサーバーソフトや顧客データ統合ソフトなどの、RDBMS以外の製品にも適用されます。

　詳細は日本オラクル社のWebサイトなどで確認してください。

●仮想化環境とクラウド環境でのライセンス

　オラクル社の製品は、自社製品の環境以外では、ライセンスの適用が面倒になっています。

　まず仮想化環境では、オラクル社が認定している一部のハードウェア仮想化*で

＊**一部のハードウェア仮想化**　アイ・ビー・エム pSeriesのLPARなど。

しかライセンス数の制限が行えません。例えば、VMWare[＊]を使用してもゲスト
OSのコア数ではなく、インストール対象のサーバー機器に搭載されている物理コ
ア全体が課金対象となります。

　それに加えて、VMotion[＊]のようなゲストOS移動機能を使用している場合、移
動可能なすべてのマシンが課金対象となります。

　VM環境での稼働を検討している場合は、日本オラクル社に相談の上で導入す
ることをお勧めします。自己判断で導入した結果、ライセンス違反を指摘され、課
徴金を課された事例があります。

　クラウド環境においても、ライセンスが持ち込めるクラウドベンダーやライセン
ス体系などがOracle Cloudとは異なり、全体的にOracle Cloudでライセンスを
利用する場合より不利になっています。

　逆にオラクル社のハードウェア（Oracle Exadata Database Machineや
Database Applianceなど）では、コア数を絞ってライセンス料を安くする制度
が存在するなど、自社製品のハードウェアやクラウドサービスに有利な価格体系と
なっています。

　Oracle Linux[＊]のKVM[＊]を使用した場合にサーバーの物理コア数ではなく、ゲ
ストOSのコア数でカウント可能となる制度もあります。

＊ **VMWare**　1台のコンピュータで、複数のOSを仮想的に稼働させることができるソフトウェア。
＊ **VMotion**　稼働しているOSをコンピュータをシャットダウンせずに、ほかのコンピュータに移動できる機能。
＊ **Oracle Linux**　オラクル社が提供する、Red Hat Enterprise Linux互換のLinux OS。
＊ **KVM**　Kernel-based Virtual Machineの略。Linuxに標準搭載されているOS仮想化の機能。

1-5

Oracle Databaseの
バージョンごとの進化

本節ではOracle Database 11g以降の特徴を簡単に紹介します。

▶▶ Oracle Database 11g

Oracle DatabaseはOracle8iからバージョンの末尾に小文字のアルファベットが追加されるようになりました。10g/11gの「g」はグリッドの「g」となります。

11gでは**ASM** *と**Oracle Clusterware** *を統合して Oracle Grid Infrastructure という新しいコンポーネントを追加しています。また、**Exadata** *が最初に提供された際のバージョンでもあり、Exadata向けの機能が追加され始めたのもこのバージョンになります。

▶▶ Oracle Database 12c

このバージョンからバージョン番号の末尾がクラウドを意味する「c」に変更されています。12cには、R1で**マルチテナント**、R2で**インメモリ**と**シャーディング**という大きな機能が追加されています。

マルチテナントは、第7章で後述しますが、1つのインスタンス *で複数のデータベースを扱えるようにしたものです。1つの大きなリソースの中で、複数のデータベースを同時に効率的に管理するというデータベース統合やプライベートPaaS向けの機能が12cから提供されるようになりました。

インメモリは、バッファキャッシュ *とは異なる形式（レコード単位ではなく、列単位でデータを保持）で、データをメモリ上に保持する機能です。バッファキャッシュとインメモリの使い分けは、Oracle Databaseが自動判断するため、インメモリ領域を作成してデータを保管しておくと、一部のSQLが書き直さなくても高

＊**ASM**　ストレージ管理機能である Automatic Storage Management の略称。3-6節「データベースの物理構造」を参照。

＊**Oracle Clusterware**　クラスタ管理機能。11-1節「Oracle Clusterware」を参照。

＊**Exadata**　118ページのCOLUMN「高性能で大容量の Oracle Exadata Database Machine」を参照。

＊**インスタンス**　データベースとユーザーの中間に位置するメモリ構造とプロセス群のセット。3-3節「インスタンス」を参照。

＊**バッファキャッシュ**　データの検索や更新を高速で行うために、ディスク上のデータをメモリに保管する領域のこと。3-3節「インスタンス」を参照。

速化します。

　シャーディングは、コンピューティング・ノードとストレージがセットになっているクラスタリングシステムを提供します。

　そのほかにも、さらなる超大規模データベース対応、セキュリティ機能の強化などが図られています。

▶▶ Oracle Database 18c

　18cの製品内容は、実は12cに軽度の既存機能を拡張した程度です。それにもかかわらず、大幅にバージョン番号が上がったのは、2018年にOracle Databaseのバージョン番号体系を整理・変更したためです。

　大きくは、次のような方針になっています。

① 2018年以降は毎年、新バージョンを出荷し、バージョン番号は西暦の下2桁とする。

②指定バージョン（3〜5年に一度）でのみ、従来型の長期サポートを提供し*、指定外のバージョンは次バージョン出荷後3年で新規パッチの作成を停止する。

③ 18cと19cは、12cの保守期間を考慮し、例外的に12cのPSR*に近い扱いとし、特に19cの保守期間は12cの保守期間に合わせる。

④新機能の数は、12cまでに比べると大幅に抑える。

⑤パッチのバージョン番号体系を3桁に変更する。

▶▶ Oracle Database 19c

　19cも既存機能の強化が中心ですが、12c系列の最終バージョンとして位置づけられている関係で長期サポートが提供されており、本書執筆時（2024年3月）で最も使用されているバージョンとなっています。

▶▶ Oracle Database 21c

　サポート期間が短いバージョンのため、特に日本ではほとんど使用されていません。

＊**長期サポートを提供し**　最大8年の新規パッチ提供。

＊ **PSR**　Patch Set Releaseの略。新機能の追加を含む複数バグの累積パッチのこと。バージョン番号「12.2.0.1」の「0」に相当する部分の集合パッチ。

第**2**章

第Ⅰ部　オラクル社とデータベース

Oracle Cloud

オラクル社が提供するメガクラウドサービスである Oracle

Cloud に関する概要を紹介します。

図解入門
How-nual

2-1

Oracle Cloud

Oracle Cloudは、後発ゆえ知名度もシェアもあまりないのが実情ですが、オラクル社の持ち前の営業力と、ガートナー社のMQ*でもリーダーに選ばれるレベルのサービス内容で、AWS、Azure、Googleに次ぐ成長株として注目されています。

▶▶ Oracle Cloudの特徴

Oracle Cloudは、オラクル社が提供するクラウドサービスで、サーバーやデータベース、ストレージなどをクラウド上で提供しています。その基本的な特徴をいくつかご紹介します。

● IaaS、PaaS 、SaaSを提供

ネットワークやサーバー基盤などクラウドインフラとしての基本部分を提供するIaaS、データベースやサーバーレスなどのアプリケーション実行基盤を提供するPaaS、そして業務アプリケーションを提供するSaaSのすべてを提供しています。

● 安価なサービス提供価格

後発ゆえ、サービス提供価格が安価に抑えられています。また、他社だと有償のサービスを無償ないし、一定規模までは無償で使える*ようにしており、他社クラウドよりコストを抑えたシステムの運用が可能になっています。

ライセンスだと高価なOracle Databaseも、クラウドサービスとしては他社のRDBMS系のクラウドサービスと価格で戦えるサービスも存在します。

● 優れた通信系のパフォーマンス

内部的なネットワーク構成やハードウェア構成の工夫により、特に通信系のパフォーマンスに優れます。

---

*ガートナー社のMQ　ITの製品やサービスをリーダー、ビジョナリー、チャレンジャー、ニッチプレーヤーの4つに分類した図。詳細はガートナー社の説明を参照。https://www.gartner.co.jp/ja/research/methodologies/magic-quadrants-research

*有償の〜無償で使える　一例として、NAT Gatewayというサービスが他社で有料だが、Oracle Cloudでは無償、アウトバンド(外部通信)料金が他社で100GBレベル程度までが無償であるところ、Oracle Cloudでは10TBまで無償。

●基本保守料がかからない

基本保守料は、無償です（正確には、サービス料金に保守料金が含まれます）。Oracle Databaseの保守料も同様であり、オンプレミスで保守料の高額化に悩んでいる場合は、データベースだけでもクラウドに移行することを検討する価値があります。専任の担当者がつくなど、基本保守よりも高度なサービスが受けられる**有償保守サービス（Oracle Customer Success Services：CSS）**も存在します。

●オンプレでも利用可能

一部のサービスは、アプライアンス*の形でオンプレミスでも使用することが可能です。ExadataおよびAutonomous Database（後述）のサービスが利用できる**Exadata Database at Customer**（ExaDB-C@C）と、Compute（後述）のサービスが利用できる**Compute Cloud@Customer**が存在します。

●自社独自のリージョンが保有できる

自社独自のリージョン（次ページで説明）を持つことが可能です。自社内利用（外部向けSaaS提供を含む）目的の**Oracle Dedicated Region**と、自前パブリッククラウドサービスの基盤を提供する**Oracle Alloy**が存在します。

▶▶ Oracle CloudとOracle Cloud Infrastructure

Oracle Cloudは、しばしば**OCI（Oracle Cloud Infrastructure）**とも呼ばれます。正確には、Oracle Cloud InfrastructureはOracle Cloudの基盤部分、すなわちIaaS/PaaSの部分を指します。SaaSは、OCIの上に構築された業務アプリケーションサービスという位置づけです。

本書では、SaaSも解説しているので「Oracle Cloud」という呼称を使用していますが、一般にはSaaSよりはIaaS/PaaSの部分のみを利用している顧客がより多いこともあり、「Oracle Cloud」よりも「OCI」が呼称としてよく使用されています。

---

*アプライアンス　特定の機能や用途に特化した情報機器や通信機器、コンピュータ製品などのこと。

▶▶ Oracle Cloudの基礎概念

　Oracle Cloudの、IaaS/PaaS/SaaSの各サービスとは異なる基礎的かつ重要な概念をいくつか解説します。

●テナント

　テナントは、システムやサービスの利用範囲を定義する用語で、ここではクラウドサービスの契約単位となります。契約の形態は、**Pay As You Go（PAYG）**と**Universal Credit（UC）**の2種類が存在します。

　PAYGは、月単位で利用料金を支払う支払モデルです。UCは、年単位の契約となり、事前に支払った金額をプリペイドカードのように取り崩す支払いモデルです。なお、足りなくなった場合は金額の追加は追加可能ですが、逆に1年経過して余った場合は戻ってきません。また、契約金額が高い場合は金額に応じた割引があります。

　PAYG/UCいずれも請求は日本円で、固定相場での料金になります。本書執筆時（2024年3月）ではドルベースの価格に対して1ドル140円で計算すると日本円での価格[*]になります。

　PAYGは、クレジットカードベースの契約であり、Oracle Cloudのサイトから直接申し込むことが可能です（日本オラクルやその代理店と契約することも可能）。UCは日本オラクルやその販売代理店と契約する必要がありますが、支払い方法にクレジットカードと請求書の選択が可能です。

●リージョン

　リージョンは、クラウドサービスを提供するデータセンター群のことです。世界各地に存在し、本書執筆時では23か国、48個所のリージョンが存在します。日本には、東京と大阪にリージョンが存在します。

● Availability Domain（AD）

　リージョンは、基本的に3つのデータセンターで構成されており、個々のデータセンターのことを**AD**と呼びます。他社で言うところのAvailability Zoneに相当

＊**日本円での価格**　価格表（https://www.oracle.com/jp/cloud/price-list/）には日本円表記もあるので実際には為替の計算は不要です。

します。しかし、東京と大阪のリージョンはADが1つしかありません。

●Fault Domain（FD）

　他社のクラウドにはない概念で、Oracle CloudではAD内が3つの**FD**と呼ばれる区画に分割されています。各FDはメンテナンスが異なるスケジュールで行われるため、ADが1つでも、サーバーを複数用意してFDを分散させて配置することで、クラウドベンダー都合の計画停止による自システムの停止を避けることが可能になっています。

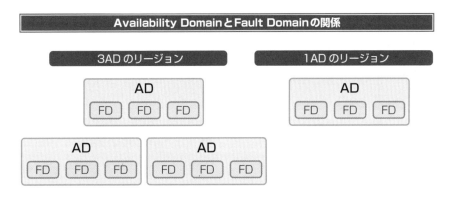

Availability DomainとFault Domainの関係

3ADのリージョン

1ADのリージョン

AD — FD FD FD
AD — FD FD FD

AD — FD FD FD
AD — FD FD FD

●コンパートメント

　コンパートメントは、Oracle Cloud内の論理区画です。マイクロソフト社のWindowsのファイル管理で例えると、各サービスのリソース＊がファイルなのに対し、コンパートメントはフォルダに該当します。

　コンパートメントは、最上位のコンパートメントであるルートコンパートメントが初期に存在し、最大6層までの階層構造を持たせることができます。また、コンパートメント単位に権限付与や課金管理を行うことが可能です。

　他社とは異なり、コンパートメントを柔軟に使いこなすことで、最小限の契約単位（アカウント）でクラウドサービスの利用が可能になっています。プロジェクトごと、部門ごと、環境（開発/本番/テスト等）ごとなど、分割基準はユーザーが任意に取り決められます。

＊**リソース**　各クラウドサービスを使用して実際に作成されたVMサーバー、データベース、ストレージなどのこと。インスタンスと呼称する場合もある。

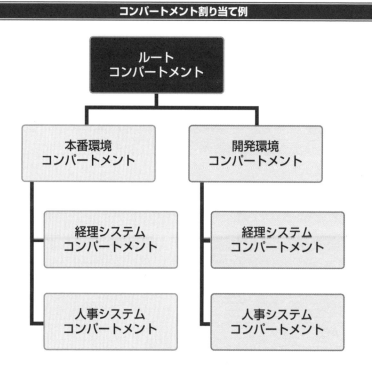

コンパートメント割り当て例

ルート
コンパートメント

本番環境
コンパートメント

開発環境
コンパートメント

経理システム
コンパートメント

経理システム
コンパートメント

人事システム
コンパートメント

人事システム
コンパートメント

●サービス制限

　クラウドサービスと言っても無尽蔵にサーバーが用意されているわけではない
ので、テナントやリージョンなどの単位で利用可能なリソースの数や量などに上限
が設けられており、これを**サービス制限（Service Limit）** と呼びます。

　利用したいサービスのサービス制限の値が自社利用にとって厳しい場合は、サー
ビス制限の管理画面からサービス制限を引き上げることも可能です。

　ただし、要求リソース量が高い場合や、たまたまデータセンター側のリソースが
不足気味の場合は対応に時間がかかったり対応を却下されたりするケースもある
ようです。

2-2

主要なクラウドサービス(SaaS)

クラウドベンダーが自らSaaS系のサービスを多く提供している点は他社にはあまりない、Oracle Cloud独自の特徴です。本節では、Oracle Cloudの主要なSaaSサービスについて紹介します。

▶▶ Oracle Fusion Cloud Applications

Oracle CloudのSaaS系のサービスは、**Oracle Fusion Cloud Applications**とも呼ばれます。これは、オンプレミス時代に買収が多いがゆえに乱立していた業務アプリケーション製品を業務機能につき1種類に融合(fusion)しています。

現在では、業務アプリケーションは基本クラウドサービスとしての提供が中心となっていますが、オンプレミス製品もまだ存在しているようです。

▶▶ 主要なFusion Cloud Application

いずれも各業務をある程度個別に導入することが可能です。また、これらのサービスは、相互に連携が可能です。

●Fusion Cloud ERP (Enterprise Resources Planning)

企業経営のためのヒト・カネ・モノを管理するための業務サービスを提供します。会計管理、財務管理、プロジェクト管理、リスク管理などの業務を担います。

●Oracle Cloud EPM (Enterprise Performance Management)

企業の業績(パフォーマンス)管理するための一連の業務サービスを提供します。パフォーマンス計画、収益管理、税務などの業務を担います。

●Oracle SCM (Supply Chain Management)

製品の原材料の調達から販売までの一連のライフサイクルを管理する業務サービスを提供します。調達管理、製造管理、在庫管理、物流管理、販売管理などの

業務を担います。

●Oracle Cloud HCM（Human Capital Management）

人事管理を中心とした業務サービスを提供します。タレントマネジメントや研修、給与管理などの業務も担います。

●Advertising and Customer Experience（CX）

マーケティングや顧客管理に関する業務サービスを提供します。

●その他

各サービスのデータを分析するBIサービスや、IaaS/PaaSサービスと連携する機能が提供されています。

▶▶ NetSuite

Oracle NetSuiteは、中小企業を対象にFusion Cloud Applicationsで提供しているような各種業務をコンパクトに一括提供するクラウドサービスです。

主にERPやCRM、Eコマースの機能や、それらのデータの分析機能を提供しています。中小企業向けということもあり、Fusion Cloud Applicationsに比べると機能が削られていますが、主要な業務は提供されています。

2-3
主要なクラウドサービス（IaaS）

本節ではOracle Cloudの主要なIaaSサービスについて紹介します。

▶▶ ネットワーク関連

ネットワーク関連のIaaSサービスをご紹介します。

● Virtual Cloud Network（VCN）

1～5個の指定したCIDR*のネットワーク網です。Compute（次ページを参照）など一部のIaaS/PaaS系サービスは、**VCN**を指定して作成する必要があります。CIDRが重複していないVCN同士は、DRG（後述）を通じて通信させることが可能です。無償です。

● Dynamic Routing Gateway（DRG）

DRGは、VCNや閉域網、専用線、VPNなどの通信を束ねるゲートウェイです。1つのDRGで複数の通信経路をまとめて定義できます。無償です。

● Load Balancer

複数の通信先を束ねることで、高可用性とオートスケーリングを提供します。おおまかには有償かつ高機能な**フレキシブル・ロードバランサー（FLB）**と、無償かつ基本的な機能を提供する**ネットワーク・ロードバランサー（NLB）**が存在します。

● ネットワーク・アウトバウンド通信料

どこのクラウドでもネットワーク・アウトバウンドの通信に対してGB単位で課金が発生しますが、Oracle Cloudではインターネットへのアウトバウンドと、リージョン間の通信のみが課金対象です。他社クラウドによくある、閉域網へのアウトバウンドやAZ（AD）間の通信には課金されません。

＊ **CIDR** Classless Inter-Domain Routingの略称。例えば「10.0.0.0/16」のように、IPアドレスの範囲をネットワーク部（「/」より前）とホスト部（「/」より後）で表現する。

　また、どのクラウドにも通信量の初期の無償枠が存在しますが、Oracle Cloudでは無償枠が月10TBまでと、他社に比べて破格の無償枠となっています。

●FastConnect

　Oracle Cloudのリージョンまでをネットワーク・ベンダーの閉域網サービスや専用線サービスを使用して接続する場合の接続口を提供するサービスです。他社と同様に、通信帯域に対する固定課金は発生しますが、通信量に対する課金は発生しません。

▶▶ サーバー関連

　サーバー関連のIaaSサービスをご紹介します。

●Compute

　VMベース、あるいはベアメタルのサーバー*貸し出しサービスで、どこのクラウドでも基本となるサービスです。VM/ベアメタルのいずれもインテル/AMD/ARMのチップを選択可能です。他社と異なり、VMのサービスはCPU個数*とメモリサイズを自由に定義できます。

　また、ローカルストレージを搭載したVMモデルやGPUを搭載したモデルも存在します。

　OSに関しては、Oracle LinuxやWindowsなどから選択できます。Red Hat Enterprise Linux（RHEL）に関しては持ち込みによる利用が可能です。

▶▶ ストレージ関連

　ストレージ関連のIaaSサービスや機能をご紹介します。

●Block Volume

　Block Storageとも呼ばれます。ComputeにアタッチしてOSローカルのファイルシステム用のストレージを提供します。実際にはiSCSI接続になります。

＊ベアメタルのサーバー　OSやソフトウェアがインストールされていないまっさらな物理サーバーのこと。

＊CPU個数　Oracle CloudではOCPUという、1OCPU=1物理コアのCPU単位を用いている。他社でよく使用されるVCPUと比較すると、1OCPU=2VCPUとなる。

● File Storage

　NFSv3のサービスを提供します。ネットワーク通信を許可すれば、オンプレミスからもこのサービスで作成したマウントが可能になります。

● Object Storage

　Put/Get（アップロード/ダウンロード）ベースでファイル（オブジェクト）を操作するストレージを提供します。標準ストレージと、より安価ですがオブジェクトの取り出しに時間がかかるアーカイブストレージの2種類が提供されています。

▶▶ セキュリティ・テナント管理関連

　セキュリティ・テナント関連のIaaSサービスをご紹介します。

● 監査

　監査機能は、Loggingというサービス（次々ページを参照）内に統合されています。

● Identity and Access Management（IAM）

　Identity Domainsと呼ばれるユーザー管理区画を提供し、クラウドサービスのユーザー管理と認証、認可を行うサービスです。ユーザーを所属させるグループの管理の機能も提供しています。認可は、特定のリソースへの特定の操作の許可をポリシーとして定義し、それをグループに付与する形で実施します。

　IAMは、基本的に無償ですが、ユーザー数、アプリケーションで使用するユーザーの管理などを行う場合に有償になります。

● Vault

　暗号鍵の管理を行うサービスです。パスワードや証明書などを管理するシークレットという機能も提供しています。基本的に無償ですが、頻繁に鍵をローテーションする場合など、一部の操作に課金が発生します。

● Cloud Guard

　現在のセキュリティ設定状況を確認して、レポーティングするサービスです。無償です。

● Security Zones

　インターネットアクセスを許可しないなど、確実に防ぎたいセキュリティ設定誤りを防止します。無償です。

● Network Firewall

　VCN内にもIPアドレスやポート番号をベースとしたファイアウォール機能が存在しますが、それよりも細かい通信制御を行いたい場合に利用するファイアウォールサービスです。内部的には、パロアルト社のファイアウォール製品を利用しています。有償です。

▶▶ 監視・管理関連

　監視・管理関連のIaaSサービスをご紹介します。

● Monitoring

　各クラウドサービスの稼働統計（CPU使用量、ネットワーク通信量など）を収集、管理するサービスです。メトリック（監視対象のこと）に対して閾値を設定して、閾値を超えた場合にアラートを発することや、メトリックをカスタム定義することも可能です。

　基本的に無償ですが、データポイントという監視回数や表示回数を対象とした独自のカウント単位を用いており、月5億を超えるデータポイントの取り込みや月10億を超えるデータポイントの表示/集計は有償になります。

● Stack Monitoring

　Monitoringと同じくメトリックを収集・表示するサービスです。

　Monitoringは基本的にOCIのサービスのみが対象となっており、サービスとし

て用意されているメトリックもある程度限られています。

　Stack Monitoringはオンプレミスや他社クラウドも対象にすることができ、Oracle DatabaseをはじめとしたデータベースやWebLogic Serverをはじめとしたアプリケーション・サーバーなど、対応している製品に特化した情報の取得も可能になっています。有償です。

● Events

　各クラウドサービスのインスタンス*の作成／削除や起動／停止などをイベントとして設定し、設定対象アクションが行われた場合に通知を行うサービスです。無償です。

● Notifications

　MonitoringやEventsなどをはじめとして、発生したアラートを電子メールやSMSなどを用いて実際の通知を行うサービスです。電子メールの場合は月1000通まで、それ以外の手段の場合は月100万件まで無償で利用できます。

● Logging

　各クラウドサービスのログを取得するサービスです。監査機能が統合されており、監査機能の対象となるログの取得と、参加機能の対象ではない、各サービス固有のログの取得が取得対象となります。取得対象のログのカスタム設定も可能です。月10GBまでの取得ログの保存が無償となります。

● Logging Analytics

　Loggingで取得されたログおよびそれ以外の対応製品のログファイルを収集・保存します。自作アプリケーションのログなどもカスタム設定することで、取り込むことができます。Loggingより保存期間が長く設定することが可能で、かつ高度な分析画面の機能も提供します。月10GBまでの取得ログの保存が無償となります。

＊**インスタンス**　各クラウドサービスに実際に作成されたリソース（VMサーバー、データベース、ストレージなど）のこと。

●Application Performance Monitoring（APM）

Javaアプリケーションの性能監視を行います。基本的に有償となりますが、監視対象アプリケーション数を制限した無償版も存在します。

▶▶ エッジ関連

エッジ関連のIaaSサービスをご紹介します。

●Email Delivery

メール配信サービスです。受信も必要な場合（バウンス・メール*は除く）はComputeでメールサーバーを構築する必要があります。月3000通の送信までは無償で利用できます。

●DNS

DNSのサービスを提供します。有償です。Oracle Cloud内部に閉じたDNSは無償で利用できます。

●Web Application Firewall（WAF）

レイヤ7*の通信の保護を行います。有償です。レイヤ3/4*の通信の保護は基本機能として無償で提供されていますが、逆にインフラ側で内部的に制御されているため、ここ変更することはできません。

---

*バウンス・メール　サイズ制限や宛先エラーなどにより送信できなかった電子メールのこと。
*レイヤ3/4/7　OSI参照モデル（Open Systems Interconnection reference model）の3層（ネットワーク層）、4層（トランスポート層）、7層（アプリケーション層）のこと。

2-4

主要なクラウドサービス（PaaS）

本節では、Oracle Cloudの主要なPaaSサービスについて紹介します。

▶▶ Oracle Database関連

Oracle Database関連のPaaSサービスをご紹介します。

● Base Database（BaseDB）

基本的なOracle Databaseのサービスです。本書執筆時（2024年3月）ではOracle Database 23cが利用できる唯一のサービスとなります。

実態としてはOracle DatabaseがプリインストールされたComputeサービスに近く、OSにログインしてOSレベルの変更設定や追加ソフトウェアなどのインストールなどを行うことも可能です。

また、下記のように4つのモデルが提供されています。いずれも有償です。

Base Databaseの提供モデル	
モデル	提供内容
Standard Edition	Standard Edition2 の利用
Enterprise Edition	Enterprise Edition および以下のオプションの利用 ・Diagnostic Pack・Tuning Pack・Data Masking and Subsetting Pack・Real Application Testing
High Performance Edition	Enterprise Edition および以下以外のオプションの利用 ・Real Application Clusters・Active Data Guard・Database In-Memory
Extreme Performance Edition	Enterprise Edition およびすべてのオプションの利用。RAC は2ノードのみ

● Exadata Database（ExaDB）

高性能、高機能なデータベースサーバーであるExadataを利用できるクラウドサービスです。BaseDBと同じくOSにログインできます。

また、Exadataを占有できるにもかかわらず、CPU料金は利用分だけという、

お得な課金モデルになっています。とはいえ筐体を占有する料金がかかるなど、ほかのOracle Database系クラウドサービスに比べると高価になります。

● Autonomous Database（ADB）

　ほかのサービスとは異なり、フルマネージドのサービスとなります。OSにログインできない一方、データベース管理のほとんどをベンダー任せにできるため、開発に集中できる利点があります。

　また、開発ツールや検索ツールなども付属しており、これらを活用するとADBの料金内でアプリケーションの構築まで可能です。付属ツール類は無償のもの（Database Actionsなど）と有償のもの（Data Transformsなど）があります。

　ADBは、**ECPU**という独自のCPU課金単位を採用しています。ベンダーによると、一定の処理能力に対する論理的なCPU単位との説明ですが、本書執筆時では、料金面ではほぼ1OCPU=4ECPUとなっています。なお、ECPUの数は偶数個で指定する必要があります。

　ADBには、下記の4つの提供モデルが存在します。

Autonomous Databaseの提供モデル	
モデル	提供内容
Autonomous Transaction Processing（ATP）	OLTP処理および汎用処理向け
Autonomous Data Warehouse（ADW）	DWH/分析処理向け
Autonomous JSON Database	ADBのJSONドキュメントストア機能のみに限定する代わりにATP/ADWより安価なモデル。課金単位はOCPU
APEX Application Development	APEXからのアクセスのみに限定する代わりにATP/ADWより安価なモデル。課金単位はOCPU

▶▶ Oracle Database以外のデータベース関連

Oracle Database以外のデータベース関連のPaaSサービスをご紹介します。

●MySQL Database Service（MDS）

Oracle MySQLを利用できるフルマネージドのサービスです。他社のMySQL
のサービスはほぼCommunity Editionがベースですが、MDSではEnterprise
Editionをベースとしたサービスを提供しており、より高機能・高性能なサービス
の提供が可能です。

また、MySQL HeatWaveというインメモリ・テーブル機能を提供するサービ
スもあり、MDSとMySQL HeatWaveを併用すると**HTAP処理***にも対応可能
です。有償です。

●Oracle NoSQL Database Service

オンプレミス版のOracle NoSQL Databaseをフルマネージドの形で提供す
るサービスです。有償です。

●Cache with Redis

インメモリで稼働する非常に高速なデータベースであるRedisをフルマネージ
ドで提供するサービスです。有償です。

●Search with OpenSearch

分散型検索エンジンであるOpenSearchをフルマネージドで提供するサービス
です。有償です。

●Database with PostgreSQL

非常に人気の高いオープンソースRDBMSであるPostgreSQLのフルマネー
ジドのサービスです。独自のストレージエンジンによる高速処理が特徴です。有
償です。

***HTAP処理** OLTP系処理とOLAP系処理の両方を含んだ処理のこと。

第2章 Oracle Cloud

▶▶ 開発者向けサービス関連

開発者向けサービス関連のPaaSサービスをご紹介します。

●Functions

　JavaやPythonなどで作成したサーバーレスのアプリケーションを稼働させる
サービスです。**Fn Project**というオンプレミスで使用できるサーバーレスアプリ
ケーション基盤をクラウドサービス化したものとなります。

　月100万回未満の起動回数と、1秒間1GBのメモリ使用量を1単位として、月
40万単位未満の利用であれば料金はかかりません。

●Streaming

　Kafka互換APIを提供する分散メッセージング基盤を提供するサービスです。
有償です。

●Queue

　大量の処理が可能な非同期メッセージキューイング基盤を提供するサービスで
す。月100万リクエストまでは無償です。

●API Gateway

　APIのアクセスポイントを提供し、APIの利用や開発を支援するサービスです。
有償です。

●Oracle Container Engine for Kubernetes（OKE）

　Kubernetes環境を構築、運用するサービスです。OKE自体は無償ですが、
OKEを稼働させるComputeへの課金が必要です。

●Container Instances

　OKEほど高度な運用ができませんが、OKEと違ってサーバーレスでコンテナを稼
働させることができるサービスです。コンテナを稼働させるComputeが必要です。

2-5

Always Free

本節ではOracle CloudのAlways Freeの制度について紹介します。有償契約しているテナントでもAlways Freeの無償枠は利用可能です。

▶▶ Always Freeとは

Oracle Cloudに限らず、どのクラウドサービスでも無償トライアルの機能が存在します。Oracle Cloudでは、基本1ヵ月300ドルの無償トライアル制度が存在します。本節で解説する**Always Free**はトライアルとは異なり、下記の表のサービスがつねに無償で利用できます。

Always Freeのみを使用し続けることも可能ですが、Always Freeの利用のためにはクレジットカードを使用してのユーザー登録が必要です。また、2段階認証のためのスマートフォンも必要となります。

手続きの詳細は日本オラクルのブログ記事『オラクルクラウド無償トライアル/無償枠(Free Tier/Always Free)のご案内』(https://blogs.oracle.com/oracle4engineer/post/oci-free-trial)を参照してください。

Always Freeで利用可能な主要サービスとリソース量*	
サービス	利用可能なリソース量
Compute(AMD)	1/8OCPU、1GBメモリのVM 2台
Compute(ARM)	合計4OCPU、24GBメモリを上限としてVM 1~4台
Autonomous Database	・1OCPU、20GBの容量のデータベース2台 ・ATP/ADW/JSON Database/APEX Application Developmentの選択は自由
Block Volume	・最大5個、合計容量200GBまで ・Compute1台につき50GB消費されるので、実際に使えるのは(200 – (50×Compute台数))GBまで
Object Storage	20GBまで
Load Balancer	FLB(帯域10MB)とNLBを1台ずつ
VCN	2個まで

*主要サービスとリソース量　利用可能なすべてのサービスおよび詳細な利用制限に関してはマニュアルを参照(https://docs.oracle.com/ja-jp/iaas/Content/FreeTier/freetier_topic-Always_Free_Resources.htm)

オラクル社とオープンソース

　「プロプライエタリの権化」というイメージがあるオラクル社ですが、昨今のオープンソース製品の興隆を無視はできない模様で、サン・マイクロシステムズ社の買収を経てオープンソースのMySQLを自社製品としたあたりから、徐々にオープンソースをベースとした製品を出してきています。

　第2章で紹介しているOracle NoSQL Databaseもこのような製品に該当しています。ほかにも以下のような製品があります。

●Fn Project

　「サーバーレス」と言えばAWSのLambdaが有名ですが、Fn Project (Fn) はオラクル社が提供するサーバーレス製品です。Oracle CloudでもFunctionsというサーバーレスのサービスが利用可能ですが、Fnはオンプレミスで稼働するものです。FnのPaaS版がFunctionsです。

　Fnを使用すればオンプレス環境でも、あるいはマルチクラウドでサーバーレスのサービスを稼働させることが可能になります。

●GraalVM

　GraalVMは、Javaを始めとしてJavaScript、Python、Ruby、LVVMなどの言語で作成されたアプリケーションを、より高速に稼働させるための汎用のランタイムです。高速に実行できるだけでなく、GraalVM上では異なる言語のライブラリを呼び出せるようになるという利点もあります。

　また、GraalVM上で稼働させるための言語を作成するためのAPIが用意されており、自作の開発言語を開発できるようになっています。

●Helidon

　Helidon（ギリシア語で「つばめ」の意味）はマイクロサービスのアプリケーションの開発用の、軽量なJavaアプリケーションフレームワークです。Helidonにはマイクロサービス開発のコアとなるライブラリやフレームワークを提供するHelidon SEと、Jakarta EEのMicroProfileに準拠したHelidon MPの2種類が存在します。

第3章

Oracle Databaseの
基本構造

本章では、Oracle Database のファイルベースおよびメモリベースの基礎的な内部構成や、製品を理解するために必要な事項、製品の会話で頻出する用語などについて解説します。特に古いバージョンの Oracle Database のデータベース構造しか記憶にない方は、直近の数バージョンでいろいろ拡張されていますのでご注意ください。

3-1
データベース製品の中の Oracle Databaseの位置づけ

Oracle Databaseは多様なタイプのデータの格納・検索が可能なマルチモデルのデータベースですが、基本はリレーショナル・データベース管理システム（RDBM）という種類のデータベースに分類されます。本節では、RDBMSとは何か、について解説します。

▶▶ リレーショナル・データベース以外のデータベース

現在、多くのタイプのデータベースが提供されています。その中でよく見られるデータベースには、下記のようなタイプのものが存在します。RDBMSについては後述するので、ここではそれ以外の種別を簡単に紹介します。

また、階層型やネットワーク型のデータベースもあるのですが、現在クラウドで提供されているものがないこともあり、割愛いたします。

●NoSQLデータベース

一般的なSQL文が主要なアクセスインターフェイスとなっているRDBMSでは、検索の柔軟性は高いのですが、柔軟性がある分、シンプルな、それこそ決まったキーのレコードを1行だけ取ってくるような処理でも、徹底的に高速な処理を追及したい人にとっては長い時間がかかります。

また、テーブル定義の変更（列の追加や削除、データ型の変更など）に伴うテーブルやアプリケーションの改修の手間が大きいという問題もあります。

さらに、Oracle Databaseの場合はReal Application Clusters（RAC）があるので必ずしも当てはまりませんが、RDBMSはデータベースの規模の拡張に弱い面があります。近年台頭してきたNoSQLデータベースとは、データの検索の柔軟性やトランザクション*の厳密性といったRDBMSの利点を捨ててでも、スキーマ定義の柔軟性や検索・更新の高速性、スケーラビリティを追及したデータベースです。NoSQLの「No」は「Not only」の略です（そのまま「No」と解

---

*トランザクション　データベースへの接続、データの検索・更新などの関連のある一連の処理のこと。3-7節「トランザクション」を参照。

釈する人もいます）。

　NoSQLデータベースは、大きくはキーバリューストア型データベースとドキュメント志向データベースに大別されます。どちらもオープンソースの製品が主力です。

●NewSQL

　基本的にRDBMSですが、RDBMSが苦手とする自動的なスケールアウト＊が可能です。特にクラウドサービスのリージョンをまたがるレベルのスケールアウトが意識されています。

　現時点のOracle Databaseでは、RACによるリージョン内の手動のスケールアウトが限界ですが、将来実装予定機能＊で対応される可能性があります。

▶▶ リレーショナル・データベースとは

　リレーショナル・データベースは、アイビーエム社のエドガー・F・コッド博士が提唱した関係モデルに基づいて開発されたデータベースです。関係モデルは、タプル＊とアトリビュート＊の組み合わせの集合をリレーション＊（関係）という言葉で表現します。

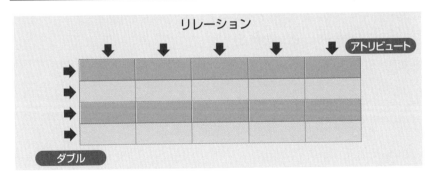

関係モデル

リレーション

アトリビュート

タプル

＊**スケールアウト**　同一筐体内のCPU数追加による処理性能拡張を行うスケールアップに対し、筐体の追加で対応する形の処理性能拡張策。

＊**将来実装予定機能**　Globally Distributed Databaseという将来実装予定機能とクラウドサービスとの組み合わせでリージョンレベルのスケールアウトに対応する可能性が考えられる。

＊**タプル**　組とも言う。RDBMSの実装のレベルでは行／レコード。

＊**アトリビュート**　属性とも言う。RDBMSの実装のレベルでは列／カラム。

＊**リレーション**　RDBMSの実装のレベルでは表／テーブル。

タプルとアトリビュートは、リレーションの中では順不動です。結果、1つの関係はExcelの表のようなイメージで表現されます（Excelの表だとタプルとアトリビュートの順番が固定されてしまいますが）。

RDBMSを最初に実装したのは、当然ながらアイビーエム社ですが、これを商用製品として最初に売り出されたのはOracle Databaseとなります。

▶▶ リレーショナル・データベースからマルチモデルへの流れ

Oracle Databaseは、当初は純粋なRDBMSでしたが、Oracle8でオブジェクト・データベースの機能を実装してからは、オブジェクト・リレーショナル・データベースと、複数のデータモデルを扱えるようになり、マルチモデルのデータベースと言えます。

その後、ほかのデータベースモデルも取り込み、バージョン23c時点のOracle Databaseでは、下記のようなデータベースモデルをサポートします。

① オブジェクト・データベース
② XML データベース
③ JSON ドキュメントストア
④ 空間データベース
⑤ グラフデータベース
⑥ Vector データベース（23c の将来のアップグレードで実装予定）
⑦ 多次元データベース（23c で廃止）

＊**タプル** 組とも言う。RDBMSの実装のレベルでは行／レコード。
＊**アトリビュート** 属性とも言う。RDBMSの実装のレベルでは列／カラム。
＊**リレーション** RDBMSの実装のレベルでは表／テーブル。

3-2

SQL、PL/SQL

現在のOracle Databaseは、SQL以外のアクセス手段も備えていますが、RDBMSとSQLは切っても切れない関係です。本節ではSQLと、SQLを拡張したPL/SQLの概要を解説します。

▶▶ SQLの起源

SQLは「Structured Query Language」、つまり「構造化問い合わせ言語」という意味です。それぞれの表を集合と考え、集合理論に基づいて「集合の和」「結合」「投影」といった概念によって表同士を関連付け*、目的とするデータの集合体を検索したり、加工します。

SQLの起源は、1974年にドン・チェンバレンとレイ・ボイスらがアイビーエム社のサンノゼ研究所において定義したSEQUEL（シークエル）*という言語になります。

その後、改良を経て現在SQLとして知られているリレーショナル・データベースを操作する言語が定式化されました。1970年後半には、すでにアイビーエム社などの数社がSQL製品を発表しています*。

▶▶ 国際標準の規格

SQLは、現在では公的な規格にもなっています。1986年にANSI(米国規格協会)*が定めた標準リレーショナル言語の規格が、1987年にISO(国際標準化機構)*によって国際標準として受け入れられ、SQLの最初の規格バージョン「SQL/86」と呼ばれました。さらに、1989年に拡張された規格は「SQL/89」と呼ばれています。

また、1992年の終わり頃、「国際標準 ISO/IEC 9075:1992 データベース言語SQL」として批准された規格は「SQL2」もしくは「SQL/92」と呼ばれています。ただし、これらはいずれも非公式な呼称です。

---

*表同士を関連付け　集合同士を関連付けることもある。
* SEQUEL　Structured English Query Language の略。
*アイビーエム社など～います　アイビーエム社が「SQL/DS」「Db2」、データゼネラル社が「DG/SQL」、サイベース社が「SYBASE」、オラクル社が「Oracle」などを発表した。
* ANSI　American National Standard Institute の略。
* ISO　International Organization for Standardization の略。

　1999年には、SQL/92の制定から約7年の歳月をかけて大幅に改訂された
SQL3が「SQL99」としてANSI、ISOで認可されました。リレーショナル・デー
タベースのための完全な操作言語を目標としたSQL92に対して、SQL99ではオ
ブジェクト指向の考え方を取り入れた改良がなされています。

　各社のRDBMSで使用できるSQLの文法には、それぞれ方言のようなものがあ
り、完全にANSIおよびISO規格準拠というわけにはいきませんが、基本的な部分
は共通の知識で対処できると思います。

　なお、Oracle Databaseでは、9iから外部結合などの記述方法がSQL99準
拠になりました。

SQLの歩み

西暦	事柄
1970	エドガー・F・コッド博士が論文「大規模共有データバンクのためのリレーショナルモデル」を発表する
1974	SEQUELがアイ・ビー・エム社のサンノゼ研究所で定義される
1976	SEQUEL2にバージョンアップ。SQLと改名される
1986	ANSIが標準リレーショナル言語の規格を定める
1987	ISOがSQL/86が規格化される
1989	SQL/86に拡張される
1992	SQL2（SQL/92）が規格化される
1999	ISO/ANSIでSQL3（SQL99）が規格化される
2003	SQL 2003が規格化される
2008	SQL 2008が規格化される
2011	SQL 2011が規格化される
2016	SQL 2016が規格化される
2019	SQL 2019-2020が規格化される
2023	SQL 2023が規格化される

SQL文の種類

SQL文にはDML、DDL、DCLの3種類のSQLコマンドがあります。

●DML (Data Manipulation Language)

テーブルからデータを抽出するSELECT文、新規レコードを作成するINSERT文、レコードを更新するUPDATE文、レコードを削除するDELETE文の4種類の文が存在します。

ただし、Oracle Databaseではパラレル処理など一部の処理では、DMLはINSERT文、UPDATE文、DELETE文に限定し、SELECT文はクエリーとして別にカテゴライズしている場合があります。また、条件によってINSERT文、UPDATE文、DELETE文を柔軟に行うMERGE文というDMLも存在します。

●DDL (Data Definition Language)

テーブルなどのデータベースオブジェクトを作成するSQL文です。基本的には各データベースオブジェクトに対して新規作成を行うCREATE文、オブジェクト定義を変更するALTER文、オブジェクトを削除するDROP文で構成されます。テーブル内のデータを全削除するTRUNCATE文もDDL文です。

●DCL (Data Definition Language)

トランザクションを制御するSQL文です。DCLに含まれるSQL文は3-7節「トランザクション」で解説します。

PL/SQLの概要

PL/SQL (Procedural Language/SQL) は、SQLをベースにオラクル社が独自に機能を拡張したプログラミング言語です。オラクル社は、SQLに従来のプログラミング手法である「手続き」の機能を持ち込んで、**手続き型言語**として拡張しました*。手続き型言語は、処理の命令を1文ずつ記述するタイプの開発言語のことです。それに対して、SQLは1文でまとめて処理を定義しますので、逆の非手続き型言語にカテゴライズされます。

---

*オラクル社~拡張しました　マイクロソフト社のSQL ServerにおけるTransact SQLにも似たような機能がある。

　手続き型言語の「手続き」というのは「一連の処理の流れ」のことです。SQL
文は1文1文が完結した命令であり、一発実行で終わりですが、PL/SQLではIF
文やFOR文、WHILE文などの制御文が使えるようになっているので、プログラム
の中に記述した一連のSQL文の流れを制御し、順序をユーザーの意図した通りに
制御できます。

　多くの場合、PL/SQLはコンパイル済みの状態でデータベースに格納（＝
store）して実行されます。これらを**ストアドプログラム（stored program）**と
言います。ストアドプログラムの種類については、4-8節を参照してください。

　また、PL/SQLには、**無名PL/SQL**というコンパイルせずにスクリプトベース
で実行する形式もあります。ストアドプログラムの作成時にはプログラムを呼び出
すための名前を指定する必要がありますが、無名PL/SQLはプログラム実行時に
名前が不要なため、「無名」PL/SQLと呼ばれています。

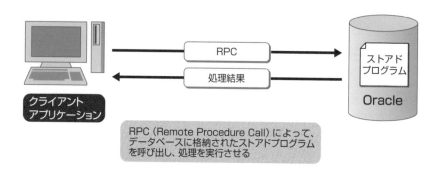

ストアドプログラムの仕組み

RPC（Remote Procedure Call）によって、
データベースに格納されたストアドプログラム
を呼び出し、処理を実行させる

▶▶ PL/SQLの特徴

　PL/SQLは、SQLのようにクライアントアプリケーション側のプログラムに埋
め込んで利用することもできます。PL/SQLは、Oracle6以降に搭載されている
PL/SQLエンジンというモジュールにより解析され、実行されます。

　例えば、Javaなどのクライアントアプリケーション側のプログラムの中に埋め
込まれていても、実際にそれを解析して実行するのはクライアント側ではなく、デー

＊**実際に〜特徴です**　例外として、Oracle Formsをクライアント側で実行した場合は、Formsのランタイムエン
　　　　　　　　　ジンが解析してクライアント側で実行する。

タベースサーバー側であるのが特徴です＊。つまり、PL/SQLを利用すれば、**ク
ライアントアプリケーション側のCPUリソースを消費せず、データベースサーバー
側のリソースを利用できる**ということです。

さらに、PL/SQLは**ネットワークトラフィック**＊の減少にも寄与します。

次ページ上の図を見てください。例えば、SQL文が10回含まれる処理の場合、
ネットワーク上には単純に考えて10往復のトラフィックが発生します。

これに対して、次ページ下の図のように、10個のSQL文がセットになった1つ
のPL/SQL（PL/SQLブロック）を発行する場合、ネットワーク上には1往復分
のトラフィックしか発生しません。後は渡されたデータベースサーバー側で処理を
行います。

また、PL/SQLの重要な特徴の1つとして挙げられるのが、**データベースと同
一のメモリ空間で動作する**ことです。

なぜ、このことがそんなに重要なのでしょうか？ データベースと同一メモリ空
間で動作するということは、データベースサーバーにSQL文を渡し、それを解釈
して実行し、結果を受け取って、さらにそれを何らかの手続きで実行するといった
一連の処理の中で、様々なプロセス間の通信を大幅に削減できます。したがって、
パフォーマンス的には非常に有利なのです。

PL/SQLは強力なプログラミング言語であり、この言語の存在がOracle
Databaseの優位性をさらに高めているのは言うまでもありません。

＊**ネットワークトラフィック** X時点、もしくはX時点からY時点までのネットワークを流れる通信量のこと。

SQLによる処理

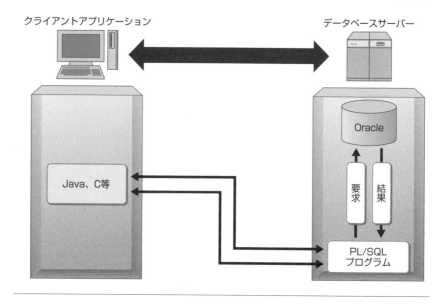

PL/SQLによる処理

3-3

インスタンス

Oracle Databaseの2大構成要素であるデータベースとインスタンスのうち、インスタンスを解説します。最近はクラウドサービスやオブジェクト指向言語などでもインスタンスという言葉が使用されるようになりました。インスタンスという言葉に馴染みがない方もいらっしゃるかもしれませんが、Oracle Databaseでは非常に重要な概念となりますのでしっかりと理解してください。

▶▶ インスタンスとは

Oracle Databaseは、大きくは**データベース（Database）** と**インスタンス（Instance）** の2つで構成されます。

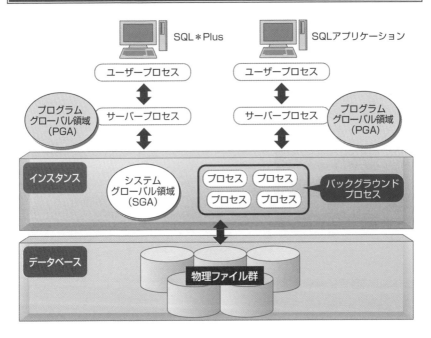

インスタンスの構成

データベースは、ユーザーデータやメタデータを格納しているファイルの塊であり、インスタンスはアプリケーションとデータベースの間に位置するメモリとプロセスの集合となります。

インスタンスの名前は、**ORACLE_SID**という環境変数に記載するので、インスタンスのことを**SID**と呼称する場合もあります。

▶▶ インスタンスの構造

インスタンスは、下の図のように**システムグローバルエリア（SGA）とバックグラウンドプロセス**(次項で解説)に大別されます。下の図のようにSGAの内部は、複数の要素で構成されています。

それぞれの領域のメモリサイズを細かく指定することもできますが、現在のOracle Databaseでは、インスタンス全体のメモリサイズ、もしくはSGAとPGA*のメモリサイズのみを指定して、大きく確保したメモリ内部の配分はデータベースに自動調整させる方向となっています。

インスタンスの構造

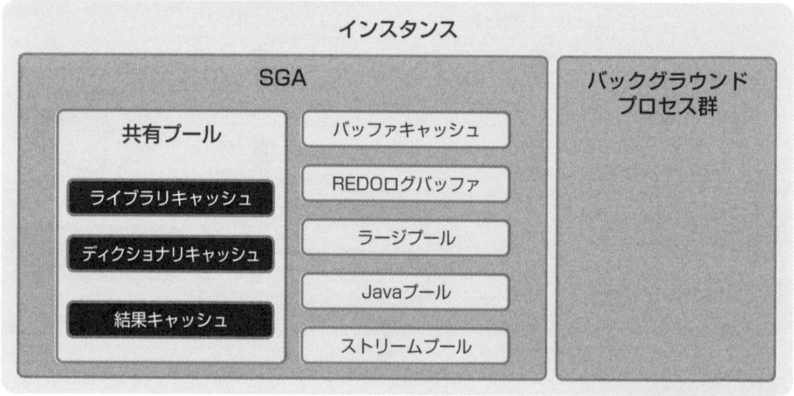

SGAの内部の領域は、それぞれ以下のような用途に使用されます。

---

* **PGA** 3-4節「プロセス」を参照。

●ライブラリキャッシュ（Library Cache）
実行対象となるSQLやPL/SQLをキャッシュします。

●ディクショナリキャッシュ（Dictionary Cache）
データディクショナリ＊の内容をキャッシュします。

●結果キャッシュ（Result Cache）
SELECT文の結果内容をキャッシュします。結果キャッシュの機能を有効にしている場合に利用されます。

●バッファキャッシュ（Buffer Cache）
データベースファイル内の表や索引のデータをキャッシュします。

●ラージプール（Large Pool）
主にバックアップやリストアのために使用されます。

●Javaプール（JavaPool）
データベース内で実行されるJavaのための領域です。

●ストリームプール（Stream Pool）
内部的に非同期処理を必要とする機能（一例としてはData Pump＊）が内部的に使用する領域です。

▶▶ RAC構成

ここまででは、1つのデータベースに対して1のインスタンスが対応している構成を解説しました。しかし、Oracle Databaseでは、**Real Application Clusters（RAC）**＊のオプションを導入すると、次ページの図のように、1つのデータベースに対して複数のインスタンスを割り当てることが可能になります。

特定のインスタンスがインスタンスやOSやハードウェアの障害でダウンして

＊**データディクショナリ**　6-2節「ディクショナリと動的パフォーマンスビュー」を参照。
＊**Data Pump**　6-5節「ユーティリティ」を参照。
＊**Real Application Clusters（RAC）**　11-2節「Real Application Clusters（RAC）」を参照。

も、ほかのインスタンスに影響がないため、耐障害性が向上します。

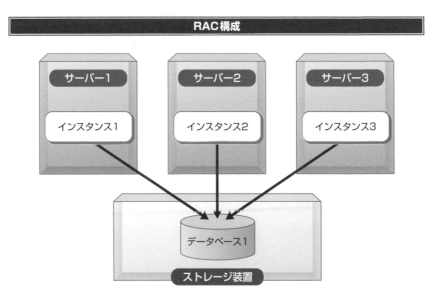

▶▶ マルチテナントアーキテクチャ

　マルチインスタンス／シングルデータベースであるRAC構成とは逆に、Oracle Database 12cからは、シングルインスタンス／マルチデータベースの構造である、**マルチテナントアーキテクチャ**＊が可能になりました。

　次ページ上の図のように1つのインスタンスで複数のデータベースを起動・管理できるので、複数のデータベースをより少ないメモリ消費で管理することが可能になっています。

＊**マルチテナントアーキテクチャ** 　第7章「マルチテナント」を参照。

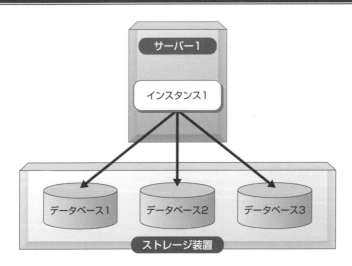

マルチテナントアーキテクチャ

また、RAC構成とマルチテナントアーキテクチャを同時に実現することも可能です。

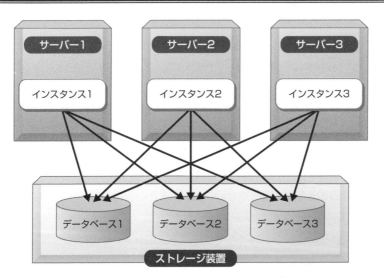

RAC構成とマルチテナントアーキテクチャを組み合わせた場合

3-4

プロセス

Oracle Databaseは、非常に多くのプロセスで構成されています。本節では主要なプロセスを解説します。なお、Windows版のOracle Databaseはoracle.exeだけで構成されており、本節で解説しているような各プロセスの役割はoracle.exe内のスレッドが担っています。

▶▶ 主要なプロセス群

Oracle Databaseは、下記のような**プロセス群**で構成されています。

●ユーザープロセス（User Process）

ユーザーが実行するSQLアプリケーションや、Oracle Databaseのユーティリティのプロセスのことを**ユーザープロセス**と呼びます。**クライアントプロセス**とも言います。

●サーバープロセス（Server Process）

Oracle Databaseのセッションに紐づいて、実際のSQLの処理を行うプロセスです。次に解説するバックグラウンドプロセスとの対比で**フォアグラウンドプロセス（Foreground Process）**と呼称する場合もあります。

サーバープロセスがメモリを消費し切らないよう調整するために、**プログラムグローバルエリア（Program Global Area：PGA）**という領域でメモリ管理を行います。

サーバープロセスには、セッションに1対1で対応する**専用サーバープロセス**と、複数のセッションをまとめて対応する共有サーバープロセスが存在します。しかし、現在は**コネクションプール***でセッションをまとめることが一般的になったため、共有サーバープロセスはほとんど使用されません。

OS上でサーバープロセス（専用サーバープロセス）は、「oracle＋インスタンス名」の名称で稼働します。

***コネクションプール**　5-4節「応用的な接続方法」を参照。

●バックグラウンドプロセス（Background Process）

前項で解説したインスタンスを構成する要素の1つです。非常に多くのプロセスで構成されているSQL以外の処理を担うプロセスです。

主要なバックグラウンドプロセス

バックグラウンドプロセスは非常に多く存在し、特定機能を使用する場合のみ起動するものも存在します。現在ではプロセス数を減らすため、一部の複数のバックグラウンドプロセスを1つに統合することも可能ですが、マイナーな機能で実際にはほとんど使われていません。ここでは古いバージョンから存在する、中核的なバックグラウンドプロセスを解説します。

●システムモニタープロセス（SMON）

実際には「ora_smon_インスタンス名」というプロセス名です。

SMONは、データベースの一貫性を監視して必要なクリーンアップ作業、主にデータのリカバリを行うプロセスです。

●プロセスモニタープロセス（PMON）

実際には「ora_pmon_インスタンス名」というプロセス名です。

PMONは、ユーザープロセスを監視して必要なクリーンアップ作業、主に異常終了して残ってしまったプロセスのクリーンアップを行うプロセスです。また異常終了した、ほかのバックグラウンドプロセスの再起動も行います。PMONが落ちてしまった場合は、インスタンスが停止します。

●データベースライタープロセス（DBWR）

実際には「ora_dbwn_インスタンス名」というプロセス名です。「n」は0から始まり、複数起動時にはカウントアップされます。

DBWRは、バッファキャッシュ内の更新データをデータベースファイルに書き出すプロセスです。

●ログライタープロセス（LGWR）

実際には「ora_lgwr_インスタンス名」というプロセス名です。

LGWRは、REDOログバッファの内容をREDOログファイルに書き出すプロセスです。

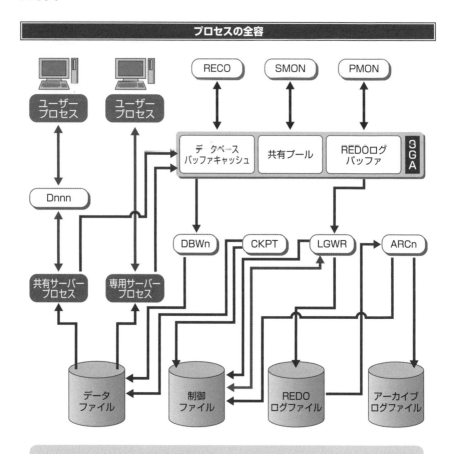

プロセスの全容

RECO ：リカバリプロセス　SMON：システムモニタープロセス
PMON ：プロセスモニタープロセス　Dnnn：ディスパッチャプロセス
DBWn ：データベースライタープロセス　CKPT：チェックポイントプロセス
LGWR ：ログライタープロセス　ARCn：アーカイバプロセス

●チェックポイントプロセス（CKPT）

実際には「ora_ckpt_インスタンス名」というプロセス名です。
CKPTは、DBWRに処理命令を送るプロセスです。

●リカバリプロセス（RECO）

実際には「ora_reco_インスタンス名」というプロセス名です。
RECOは、保留中の分散トランザクションの回復を担うプロセスです。

●アーカイバプロセス（ARCn）

実際には「ora_arcn_インスタンス名」というプロセス名です。「n」は0から
始まり、複数起動時にはカウントアップされます。ARCnは、アーカイブ処理＊を
行うプロセスです。

 オラクル社最大の年次イベント、Oracle Cloud World

Oracle Cloud World（OCW、OWと略される場合もあります）は、オラクル社最大の年次イベントとなります。OCWは、当初は日本で始まったイベントですが、今ではUS本社が主催するイベントとして、毎年9月もしくは10月に1週間程度、アメリカのロサンゼルスで開催されていましたが、昨年からラスベガスに開催地が変更されています。

オラクル社に限った話ではありませんが、アメリカの大手ITベンダー、クラウドベンダーの大規模イベントは、街ごとその社の広告や装飾で染めてしまい、大手ベンダーの勢いを感じられる派手なものとなっています。

イベントの内容は、他社のイベントと大差なく、新しい製品やサービスの発表、既存製品の最新バージョンの発表、事例セミナーや技術セミナーなどで構成されています。

また、OCWでは、Oracle Code Oneというコード中心の、より開発者向けのイベントも同時に開催されます。これは、オラクル社が買収したサン・マイクロシステムズ社が開催していたJava OneというJava言語のイベントの後継イベントとなります。Oracle Code Oneでは、Javaを中心としつつも、多くの言語を広く扱っているようです。

筆者が不思議なのは、日本で開催されるこの手のイベントは無料か、高くても数千円程度なのに、OCWは2000ドル以上（20万円以上）も徴収している点です。それでもアメリカは言うに及ばず、日本からもツアーが組まれるくらいの参加者がいるそうです。ちなみに日本オラクル社の社員は、経費削減なのか、参加経験のない方がほとんどだそうです。

＊**アーカイブ処理** 3-6節「データベースの物理構造」を参照。

3-5

データベースの論理構造

本節では、データベースを構成する論理的な要素と物理的な要素のうち、論理的な要素を解説します。

▶▶ データ格納の仕組み

Oracle Databaseにデータを格納する場合、それぞれのデータは**表**に格納されます。

これは実際にはどのようにしているかと言いますと、**データブロック**、**エクステント**、**セグメント**といった細かい論理的な記憶構造の単位をコントロールして、物理的なディスク領域を効率的に使っています。

簡単に述べると、セグメントは、Oracle Databaseが表や索引などのスキーマオブジェクトに割り当てる、それぞれのディスク領域のことです。

セグメント、エクステント、データブロックの関係

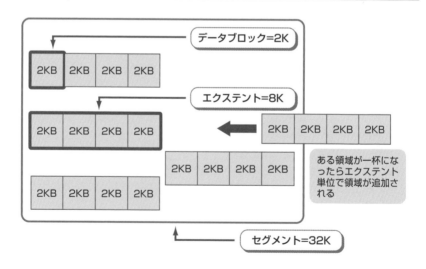

　ある領域が一杯になったときは、特定の単位で領域が追加されていきますが、この単位をエクステントと呼びます。つまり、セグメントはいくつかのエクステントから構成されていると言えます。

　さらに、エクステントは、もっと小さな論理単位であるデータブロックが集まってできたものです。このデータブロックは、物理ディスクの単位とちょうど対応するように設定されていて、実際の物理的なI/O*は、このデータブロックの単位で行われています。

　それでは、それぞれの意味をもう少し詳しく説明しましょう。

▶▶ データブロック

　データアクセスの最小単位が**データブロック(data block)**です。これはいわば、物理ディスクにおけるセクタのようなものとなります。

　データブロックのサイズは、表領域（後述）ごとに2KB/4KB/8KB/16KB/32KBから選択できますが、実際にはデフォルトの8KB以外の設定はほぼ使用されていません。Oracle Cloud上のOracle Database系のクラウドサービスでもすべて8KBのブロックサイズでデータベースが作成されています。

▶▶ エクステント

　セグメントの最小拡張単位が**エクステント（extent）**です。エクステントのサイズを表ごとに細かく指定することも可能ですが、実際には表領域でのデフォルト設定に任せてしまう形が現在は主流です。

▶▶ セグメント

　エクステントの集合が**セグメント（segment）**になります。セグメントには、いくつか種類が存在ます。

●データセグメント

　表に対応しているセグメントです。1テーブル1セグメントになりますが、表がパーティション化されている場合は、個々のパーティションがセグメントになります。

＊I/O　入出力のこと。Input/Outputの略。

●索引セグメント

索引に対応しているセグメントです。1索引1セグメントになりますが、索引がパーティション化されている場合は、個々のパーティションがセグメントになります。

●LOBセグメント

LOB型のデータを格納するためのセグメントです。

●一時セグメント

SQL実行時に内部処理（結合やソートなど）がメモリ内に格納しきれない場合に一時的に書き出す先として作成されるセグメントです。該当処理が完了すれば不要になるので、確保した領域が再利用（上書き）されます。

●UNDOセグメント

SQLでデータを更新する際、更新対象のブロックの更新前の内容を保存するためのセグメントです。更新が完了したら一定時間*内容を確保しますが、確保期限終了後は再利用（上書き）されます。

▶▶ 表領域の概要

表領域（tablespace）は、セグメントの集合で構成される、表や索引などを格納するための最も大きな論理的な記憶構造です。基本的に1つ以上のOS上の「物理的なファイル」を組み合わせて構成されます（後述するAutomatic Storage Management（ASM）の場合は除きます）。

この物理的なファイルは、Oracle Databaseではデータファイルと呼ばれ、OS上の通常の物理ファイルとして存在します*。表領域とデータファイルの関係は、1対n*となります。1つの表領域に対し、1つもしくは複数のデータファイルが使われます。

逆に言うと、1つのデータファイルが複数の表領域で共有されることはありません。

---

*一定時間　自動調整だが手動設定も可能。
*OS上〜存在します　3-6節「データベースの物理構造」を参照。
*1対n　n≧1。また、1つのデータファイルが異なる表領域で共有されることはない。

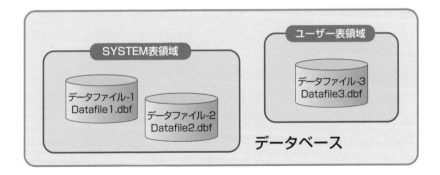

データベース、表領域、データファイルの関係

SYSTEM表領域

データファイル-1
Datafile1.dbf

データファイル-2
Datafile2.dbf

ユーザー表領域

データファイル-3
Datafile3.dbf

データベース

▶▶ 表領域の種類

表領域には、下記の種類があります。

● SYSTEM表領域

メタデータを格納するための表領域となります。必ず必要です。データベース管理のために使用され、ユーザーが直接アクセスする必要はありません。

● SYSAUX表領域

監査データやSQLチューニング機能関連のデータなど、メタデータ以外の非ユーザーデータを格納するための表領域です。必ず必要です。SYSTEM表領域と同じく、ユーザーが直接アクセスする必要はありません。

● 一時表領域

前述の一時セグメントを格納するための表領域です。厳密には、なくても動きますが、その場合はSYSTEM表領域を使用してしまい、データベース管理上で不都合が生じる可能性があるため、ほぼ必須で必要です。

● UNDO表領域

前述のUNDOセグメントを格納するための表領域です。この表領域も厳密には

なくても動きますが、その場合はSYSTEM表領域を使用してしまい、データベース管理上で不都合が生じる可能性があるため、ほぼ必須です。

●ユーザーデータ用表領域

　ほかの表領域に格納することもできますが、通常はユーザーデータ専用の表領域を用意します。用意する数についてはユーザーごと、データベースオブジェクト種別ごと、対象業務ごとなど多様な観点があります。

　表領域数の上限は65,533個ですが、現在はASMのような仮想ストレージを使用して1つの巨大ディスクとして運用するケースが多く、細かく表領域分割する理由が減っているため、少ない表領域数で運用するケースが主流です。

　基本的には格納するデータの対象業務に応じて作成するなど、データベース管理上の都合により表領域を複数作成します。1つでもかまいません。また、Autonomous Databaseでは、表領域の概念がありません（より正確には、表領域の作成は内部制御され、指定する必要がなくなっています）。

3-6

データベースの物理構造

本節では、データベースを構成する論理的な要素と物理的な要素のうち、物理的な要素を解説します。

▶▶ データファイル

データファイルは、表領域を構成する物理的なファイルです。現在は、表領域と物理ファイルが1対1で対応します。かつては、ファイルサイズの上限が低い代わりに複数のデータファイルで構成できるタイプのデータファイルが採用されていましたが、現在は古い方法として推奨されていません。

データファイルのサイズ、表領域のサイズ、データベースのサイズの関係

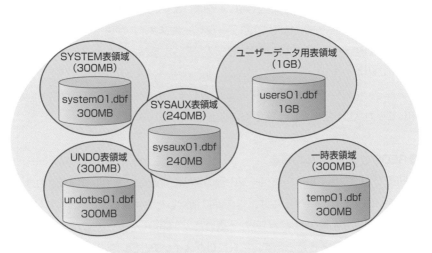

データベースのサイズ = 300MB+300MB+240MB+100MB+1GB+300MB = 2.26GB

制御ファイル

制御ファイルは、データベースの構成情報＊を格納するファイルです。これが壊れてしまうとデータベースが停止してしまうため、複数の制御ファイルを作成することが推奨されています。

複数作成すると、それぞれの制御ファイルに同じ内容を書き込むため、1つが壊れて停止しても壊れていないファイルを上書きして再起動することが可能です。

また、同一ストレージに格納して同時に破損するケースを避けるために、複数の制御ファイルを異なるストレージに配置する、あるいはASMのような複数のストレージを束ねることができる技術を使用するなどして同時に破損することを避けることを検討してください。

REDOログファイル

REDOログファイルは、SQLによるデータベースの更新＊の履歴を保存するファイルです。しばしば「REDO」と略して呼ばれます。

ストレージ装置の故障などによりデータベースファイルが破損した際、まずバックアップしたデータベースファイルをリストアしますが、これは当然ながら内容が古いものとなります。

そこで、「リストアした内容から最新の内容までの差分をREDOログの内容を使用してリカバリする」という仕組みになっています。

●REDOログファイルの構造

REDOログファイルは、次ページの図のように複数のファイルで構成されます。

まず、REDOログファイルは、作成時に指定したサイズ固定の複数の**メンバー**で構成されます。最初のメンバーから書き込みを開始し、ファイルが一杯になったら次のメンバーに書き込みます。これを**ログスイッチ**と言います。最後のメンバーが一杯になった場合は、図のように最初のメンバーにログスイッチします。

＊**データベースの構成情報** データベース名とデータベースを構成するファイルの情報など。
＊**データベースの更新** データの更新やデータベースオブジェクトの追加・変更・削除など。

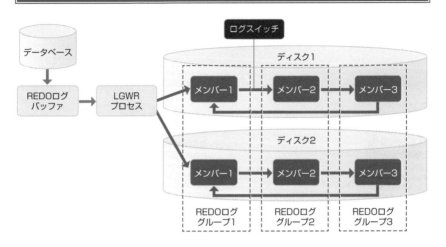

また、個々のメンバーは、**REDOログ グループ**というグループで多重化します。先述の制御ファイルとは異なり、グループ内のメンバーが全損しない限り、データベースは停止しませんが、制御ファイルと同様に可用性の観点で多重化とストレージ配置の工夫が推奨されています。

● REDOログファイルのアーカイブ

　REDOログファイルには、**アーカイブ**という処理も存在します。アーカイブは**ARCHIVELOGモード**と**NOARCHIVELOGモード**が存在します。ARCHIVELOGモードがアーカイブ処理を行い、NOARCHIVELOGモードはアーカイブ処理を行わない設定となります。

　アーカイブ処理は、次ページの図のようにログスイッチが発生した際に書き込みが完了したREDOログファイルのメンバーを事前に指定した領域にコピー（＝アーカイブ）します。

　アーカイブされたログファイルは、アーカイブログファイルと呼ばれます。アーカイブログと対比して、実際に更新内容の書き込みを行うREDOログファイルは、オンラインREDOログファイルと呼びます。

　アーカイブ処理により、オンラインREDOログだけではリカバリができない場

合にアーカイブログを使用することで、より確実なリカバリを可能にします。

　データベースの最終的な破損（壊れた後に元に戻せない）を防ぐ観点で ARCHIVELOGモードにすることが強く推奨されています。

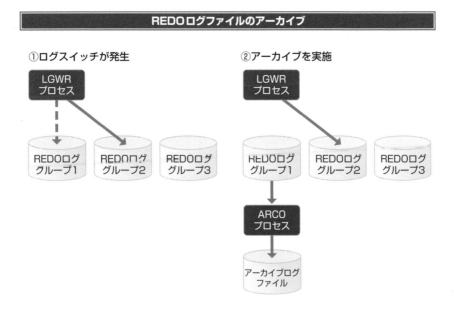

REDOログファイルのアーカイブ

▶▶ Automatic Storage Management（ASM）の概要

　Automatic Storage Management（ASM）は、Oracle Database専用のストレージ管理ソフトです。複数の物理的なディスクをディスクグループという単位で扱い、まるで1つのディスクであるかのように管理します。

　データベース管理者（DBA）は、ディスクの種類や場所を意識する必要はありません。例えば、物理ディスクを新しく増設した場合、これまで手動でデータの再配置やチューニングを行ってきましたが、ASMを使えば、パフォーマンスを考慮して自動的にデータをバランスよく再配置してくれます。これらの物理ディスクが冗長構成*であれば、それを活かすように、そうでなければASMがソフトウェア的に冗長構成にしてデータを保護します。

　また、すべてのディスクが同様の冗長構成である必要性はなく、異なる冗長構

***冗長構成** ファイルの障害や消失からのデータリカバリが可能である構成のこと。

成の場合には、ディスクグループを分けるだけです。そして、これらのディスクグループの冗長構成の違いについてだけ、ユーザーは注意すればよいのです。

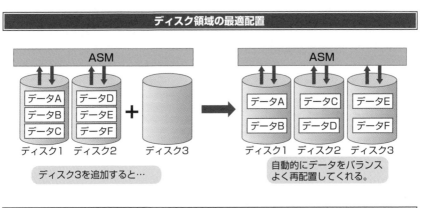

ディスク領域の最適配置

ディスク3を追加すると…

自動的にデータをバランスよく再配置してくれる。

Automatic Storage Management（ASM）の管理画面

このASMによって、DBAはオブジェクトの管理についてストレージ構成を意識しなくてもよくなり、大幅に管理コストが削減されました。また、高度なチューニング知識が必要とされた多くのケースにおいても、これまでよりも工数をかけずに管理できるようになったと言えましょう。

3-7

トランザクション

Oracle Databaseに限らず、RDBMSはデータの整合性を確保するためにトランザクションという概念を導入しています。本節ではトランザクションおよびトランザクションに関連する事項について解説します。

▶▶ トランザクションとは

　一般的に、**トランザクション**は何らかの一連の処理をまとめたものとなります。Oracle Databaseにおいてもその点は同様ですが、より具体的には前回の**コミット/ロールバック**から次回のコミット/ロールバックまでに実施された一連のSQL文のことをトランザクションと定義しています。

　トランザクションは、下記のSQL文で構成されます。一般にはトランザクションを開始するBEGIN TRANSACTION文が存在しますが、Oracle Databaseではこれは暗黙的に発行されるために、ユーザーが発行できるSQL文としては存在しません。

●COMMIT文

　トランザクションで変更されたデータを確定することを**コミット**と呼び、その処理を実行するSQL文です。コミット後は変更された内容は取り消すことができませんが、10-3節「フラッシュバック機能」で解説する機能を利用することで更新前の情報を復元することが可能です。

●ROLLBACK文

　トランザクションで変更されたデータを取り消すことを**ロールバック**と呼び、その処理を実施するSQL文です。ROLLBACK文を発行すると、UNDOセグメントに保存された変更前のデータベースブロックを更新されたブロックに書き込むことで変更を取り消します。変更量に応じて処理に時間を要します。

トランザクションの命令文

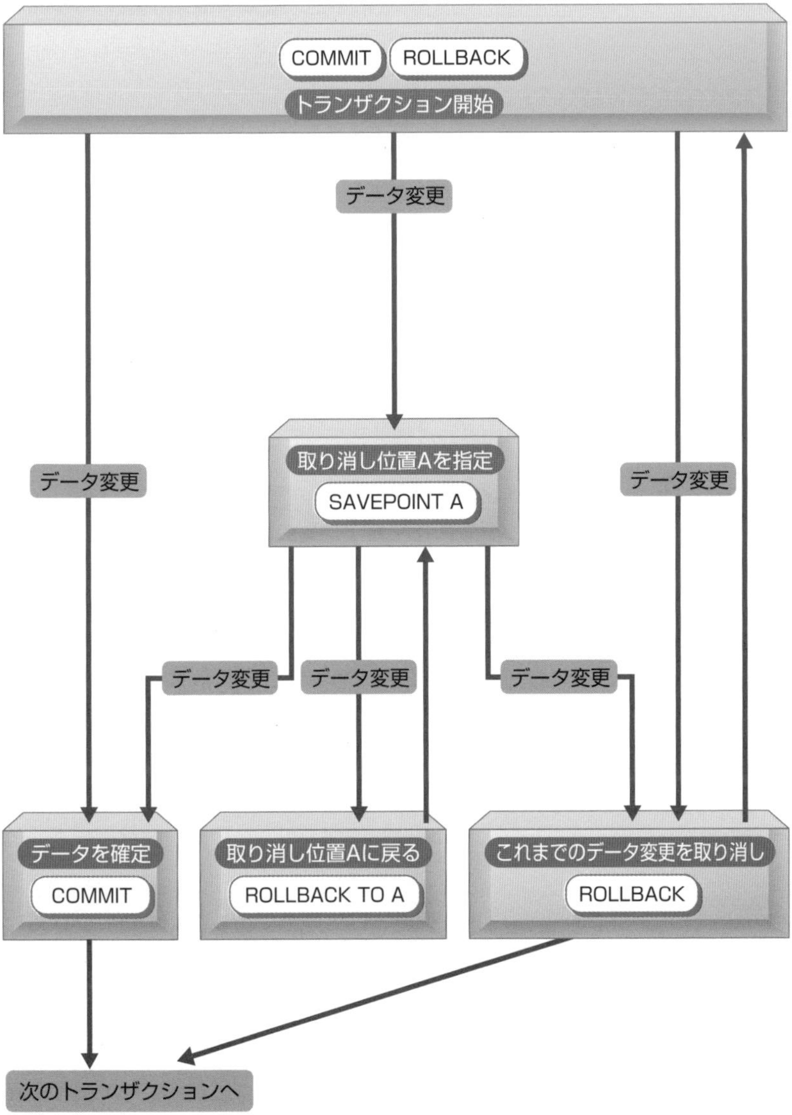

COMMIT   ROLLBACK
トランザクション開始

データ変更

データ変更

取り消し位置Aを指定
SAVEPOINT A

データ変更

データ変更   データ変更   データ変更

データを確定   取り消し位置Aに戻る   これまでのデータ変更を取り消し
COMMIT   ROLLBACK TO A   ROLLBACK

次のトランザクションへ

● SAVEPOINT文

複数のSQLによる更新の間にSAVEPOINT文で**セーブポイント**を作成すると、ROLLBACK文で指定したセーブポイントに戻るという、トランザクションの一部の取り消しが可能になります。ただし、トランザクションは終了しません。また、SAVEPOINT文は都度セーブポイント名を変更して実行することで、トランザクション内で複数回発行することが可能です。

▶▶ COMMIT/ROLLBACK以外のトランザクションの終了

基本的には、トランザクションを終了させるためにはCOMMIT文ないし、ROLLBACK文を実行する必要がありますが、下記の処理でもトランザクションが終了します。

① DDL文の発行：変更はコミットされる
② トランザクション中のセッションの正常終了：変更はコミットされる
③ トランザクション中のセッションの異常終了：変更はロールバックされる

▶▶ データのロック

Oracle Databaseに限らず、RDBMSでは複数のセッションで同じデータを更新することを**ロック**という機能を用いて制御しています。

ロックは、トランザクションで更新したデータを名前の通り、ロックしてほかのセッションから更新できないようにしてトランザクションの整合性を確保する機能です。

Oracle Databaseの場合、DMLは基本的に完全に**行レベルのロック**が行われており、他社データベースのようにより広いロック範囲によるトランザクションの阻害がありません*。

また、更新による行ロックが取得されていても、SELECT文は**読み取り一貫性**という更新中のブロックについてUNDOセグメント上のブロックの内容を検索する機能により、処理が待機させられることがありません。これらの機能によりOracle Databaseは高負荷な状況でも処理が遅くなりにくくなっています。

***トランザクションの阻害がありません** 例外的に広いロック範囲を取得する更新もある。

第4章

第Ⅱ部 Oracle Database の基礎知識

データベースオブジェクト

Oracle Database ではテーブルやインデックスといった基本的なオブジェクト以外にも多くのデータベースオブジェクトが存在します。本章ではテーブルを中心に Oracle Database のデータベースオブジェクトについて解説します。

4-1

ユーザーとスキーマ

ユーザーとスキーマは、どのRDBMSにも存在する概念ですが、Oracle Databaseでは少し特殊な実装となっていますので、そのあたりも含めて解説します。

▶▶ スキーマとは

スキーマは、データベースオブジェクトを格納するための器のような概念です。後述のユーザーとは異なる概念ですが、Oracle Databaseではユーザーを作成すると、暗黙的にユーザーと同名のスキーマが作成され、デフォルトでユーザー名のスキーマが使用されるため、結果的にスキーマが存在しないように見えてしまいますが、そんなことはありません。とはいえ、スキーマという存在を意識する場面があまりないのも実情です。

▶▶ ユーザーとは

ユーザーは、Oracle Databaseに接続する際のアカウント単位です。前述のように、Oracle Databaseではユーザー＝スキーマなので、同名のスキーマの所有者にもなります。

基本的にユーザーは、CREATE USER文を使用して自分で作成しますが、そのための**管理者ユーザー**は初期から存在します。Oracle Databaseでは特定機能のデータベースオブジェクトを格納するためのユーザーなども初期状態で多数存在しますが、その多くはアカウントがロックされており、ユーザーが使用することが想定されていません。ユーザーが使用する場合は、ユーザーを新規追加するようにしてください。

また、下記の管理者ユーザーはそれらのアカウントの利用の有無に関わらず、認識しておく必要があります。

●SYS

データディクショナリをはじめ、Oracle Database自身が作成・管理するデータベースオブジェクトの所有者となるユーザーです。

また、Oracle Databaseに関するすべての操作が可能です。実際のデータベース管理作業はSYSユーザーでデータベース管理関連の権限を付与したユーザーを作成し、そのユーザーで作業を実施することがセキュリティの観点で推奨されています。SYSユーザーは何でもできるため、操作ミスによる障害の可能性も高いです。

●SYSTEM

データディクショナリのシノニムの所有者です。最近のOracle Databaseでは初期状態でロックされているため、あまり使用されることはありません。

●SYSMAN

Enterprise Manager（EM）を使用する場合に使用するユーザーです。逆に言うと、EMを使用しない場合は不要です。特にOracle Cloudの場合は、Autonomous Databaseだと代替ツールが初期から用意されていますし、BaseDBやExaDBにおいても、ある程度EMを代替できるDatabase Managementというクラウドサービスが存在するため、EM自体があまり使用されません。

●DBSNMP

EMが内部的に使用するためのユーザーです。EMを利用している場合でも直接利用するケースは少ないです。

第4章 データベースオブジェクト

4-2

権限とロール

Oracle Databaseでは、ユーザーを作成しても初期状態ではログインさえできません。ユーザーに何らかの「権限」や、後に説明する「ロール」を付与してはじめて、ユーザーはそれらで許可された範囲を操作できるようになります。

▶▶ 権限とは

権限は、ユーザーに対して何らかの操作に対する許可を与えるデータベースオブジェクトです。ユーザーは、初期状態では何の権限もなく、ある権限を付与されたユーザーがその権限に応じた操作が可能になります。

Oracle Databaseでは、権限の使用は完全に許可制です。権限はデータベースオブジェクトの作成や変更などを主な対象にした**システム権限**と、作成されたデータベースオブジェクトの操作（テーブルの検索など）を主な対象とした**オブジェクト権限**に大別されます。

権限の付与は、**GRANT文**で行います。逆に権限の剥奪は**REVOKE文**で行います。2つの権限をもう少し詳しく解説しましょう。

●システム権限

データベースオブジェクトの作成/変更/削除や、Oracle Databaseの特定機能の利用など、データベースの運用・管理を行う権限を**システム権限**と呼びます。システム権限は、データベース管理者（DBA）から与えられ、その種類は100種類以上あります。

●オブジェクト権限

Oracle Databaseでは、明示的に権限を与えられない限り、一般ユーザーは、ほかのユーザーのスキーマオブジェクトにアクセスすることはできません。スキーマの所有者、またはDBAからアクセスする権限を与えられた場合のみ、アクセスが可能になります。このような、ほかのユーザーが所有するスキーマオブジェクト

へのアクセスに関する権限を、**オブジェクト権限** *と呼びます。

　システム権限がデータベースを対象としているのに対し、オブジェクト権限はスキーマオブジェクトを対象としています。オブジェクト権限には、例えば「データを検索する」「行を新規に挿入する」「データを更新する」といったものがあります。

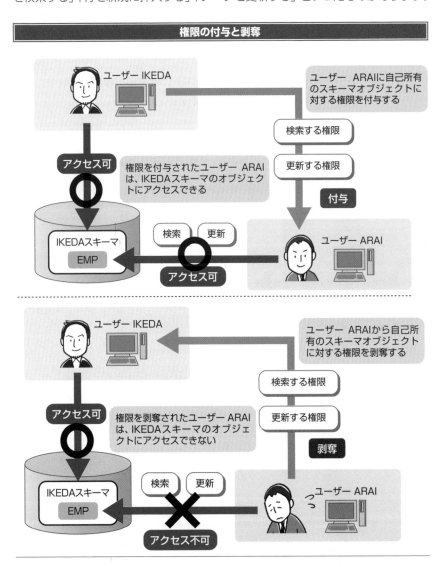

権限の付与と剥奪

ユーザー IKEDA

ユーザー ARAIに自己所有のスキーマオブジェクトに対する権限を付与する

検索する権限

更新する権限

付与

アクセス可

権限を付与されたユーザー ARAIは、IKEDAスキーマのオブジェクトにアクセスできる

IKEDAスキーマ
EMP

検索　更新

アクセス可

ユーザー ARAI

ユーザー IKEDA

ユーザー ARAIから自己所有のスキーマオブジェクトに対する権限を剥奪する

検索する権限

更新する権限

剥奪

アクセス可

権限を剥奪されたユーザー ARAIは、IKEDAスキーマのオブジェクトにアクセスできない

IKEDAスキーマ
EMP

検索　更新

アクセス不可

ユーザー ARAI

第4章　データベースオブジェクト

＊**オブジェクト権限**　「スキーマオブジェクト権限」とも呼ばれる。

▶▶ ロールとは

　複数のシステム権限やオブジェクト権限を組み合わせて、1つのセットにしたものが**ロール（role）**です。Oracle Databaseには、あらかじめ定義された**事前定義ロール**も用意されていますが、ロールを作成する権限を持っているユーザーであれば、次ページ下の図のように、必要に応じて権限を任意に組み合わせた新しいロールを定義できます。また、事前定義ロールを自由にカスタマイズすることもできます。

　ユーザーに対して個別に権限を付与していると、管理が大変煩雑になることが多いので、一般的には、代表的な権限のセットをあらかじめ事前定義ロールとしていくつか定義しておき、新規ユーザーの作成時に、そのどれかを付与するという方法を採ります。

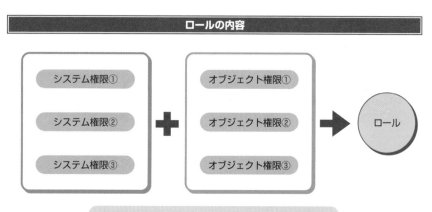

ロールの内容

システム権限①	オブジェクト権限①
システム権限②	➕	オブジェクト権限②	➡	ロール
システム権限③	オブジェクト権限③

複数のシステム権限やオブジェクト権限を組み合わせて
1つのセットにしたものがロール

　代表的な事前定義ロールには、CONNECT、RESOURCE、DB_DEVELOPER_ROLE、DBA *があります。

　例えば、アプリケーションを開発する場合には、CONNECTとDB_DEVELOPER_ROLEを割り当てます。

　また、ロールは「権限のセット」と説明しましたが、ロール同士やロールと権限を組み合わせて新たなロールを定義することもできます。

＊CONNECT ～ DBA 旧リリースとの互換性のために用意されており、将来的にも自動作成されるかどうかは未定であるため、これらのロールにあまり依存すべきではない。

主な事前定義ロール

ロール名	説明
CONNECT	11gで大幅に変更され、データベースに接続する権限（CREATE SESSION）のみとなった
RESOURCE	開発者用のシステム権限のセット
DB_DEVELOPER_ROLE	開発者用のシステム権限のセット。23cで新規追加され、こちらが推奨されている
DBA	DBA用のシステム権限のセット

　なお、ロールはユーザーがロールの内容を変更してから、再度、接続し直したときにはじめて有効になります。ご注意ください。

　オラクル社では、セキュリティの観点で、アプリケーションを使用するユーザーに対し、アプリケーションに必要な最小限の権限のみを持つロールを作成し、それを付与することを推奨しています。

ユーザーグループごとにロールを定義できる

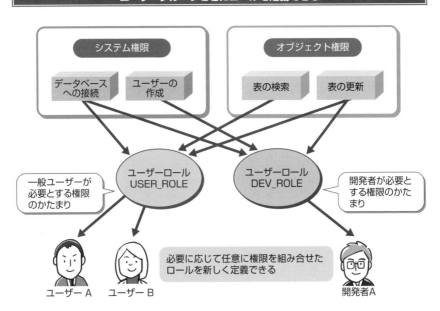

▶▶ SYSOPER権限

　SYSOPER権限は、あらゆる権限の中で最も強力なSYSDBA権限の完全なサブセット＊で、Oracle Databaseの起動や停止、リカバリ操作＊、パラメータファイルの作成などの操作が可能です。具体的には、主に下記のSQLコマンドを実行できます。

① STARTUP

　Oracle Database のインスタンスを起動します。

② SHUTDOWN

　現在、実行中の Oracle Database のインスタンスを停止します。

③ ARCHIVE LOG

　オンライン REDO ログファイルの自動アーカイブの開始または停止を行います。

④ RECOVER

　表領域やデータファイル、さらにはデータベース全体に対してリカバリを行います。

⑤ ALTER DATABASE OPEN/MOUNT

　データベースの起動モードを変更します。

⑥ ALTER DATABASE BACKUP

　データベースのバックアップを取ります。

⑦ CREATE SPFILE

　サーバーパラメータファイル（SPFILE）を作成します。

＊**サブセット**　一部の機能だけを限定して使えるようにしたもの。
＊**リカバリ操作**　バックアップしてあるデータをデータベースに再構築すること。10-1節「バックアップとリカバリの基本」を参照。

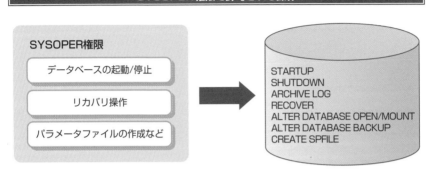

通常の接続では、ユーザー名と同名のスキーマに接続されますが、Oracle DatabaseにSYSOPERとして接続したときは、ユーザー固有のスキーマではなく、PUBLICスキーマに接続されます。

SYSOPERとして接続するには「CONNECT ユーザー /パスワード ASSYSOPER」とします。

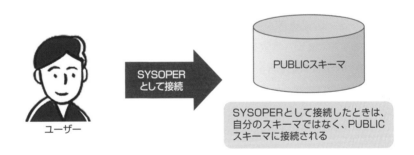

なお、Oracle Databaseを起動・停止させるには、SYSDBA権限、もしくはSYSOPER権限のどちらかを持っている必要があります。そのため、SYSTEMユーザーなどでは、Oracle Databaseを起動・停止させることはできません。

▶▶ SYSDBA権限

最も強力な**SYSDBA権限**には、SYSOPER権限に加えて、以下のシステム権限が与えられています。

①データベースの作成
②キャラクタセットの変更
③データベース内のオブジェクトに対するあらゆる操作

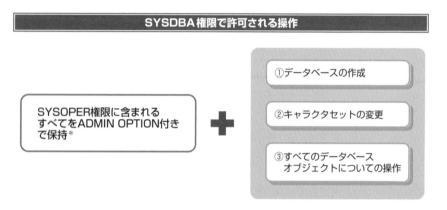

SYSDBA権限で許可される操作

SYSOPER権限に含まれる
すべてをADMIN OPTION付き
で保持*

＋

①データベースの作成

②キャラクタセットの変更

③すべてのデータベース
　オブジェクトについての操作

SYSユーザーは、このSYSDBA権限とSYSOPER権限の両方を持っています。

データベースへの接続時は「 CONNECT SYS/（パスワード）」のように記述するのですが、SYSDBA権限を用いて接続するときだけは「**CONNECT SYS/（パスワード）AS SYSDBA**」としなければなりません。これを「SYSDBAとして接続する」と呼びます。

例えば、ユーザーASADAは、通常の接続なら自分のスキーマ（ASADAスキーマ）に接続しますが、SYSDBA権限を持つユーザーとしてデータベースに接続すると、SYSスキーマに接続します。

＊ **ADMIN_OPTION付きで保持**　再付与権付き。ADMIN OPTION付きで付与された権限は、ほかのユーザーにさらにGRANTできる。

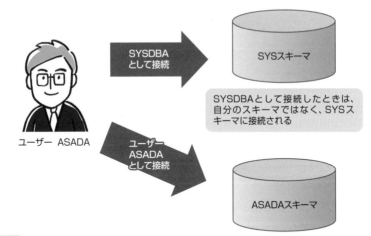

SYSDBAの接続先

SYSDBA
として接続

ユーザー ASADA

ユーザー
ASADA
として接続

SYSスキーマ

SYSDBAとして接続したときは、
自分のスキーマではなく、SYSス
キーマに接続される

ASADAスキーマ

COLUMN　オラクル社の製品を安く（?）買う方法

　Oracle Databaseの最大の難点は、機能ではなく価格というくらい、無償のオープン
ソースが広く普及している現在では信じられない強気の価格設定となっています。
Oracle Cloudなど、むしろ他社より安いものがあるにもかかわらず、データベースに関し
ては強気なままです。

　ただ、筆者が過去の案件でOracle Databaseの見積を取った際に気付きましたが、保
守料がライセンス料の定価ではなく、販売価格を基にしていました。ということは、交渉
を頑張ってライセンス料を値下げするほど、保守料も下がるということです。

　保守料は、定価に対するパーセンテージ設定の会社が大半な中、この点に関しては良心
的な印象です。とはいえ、保守料にもAAR（最近まではPAと呼ばれていたが改称された）
という価格調整（という名の値上げ）が毎年発生しますので、将来の支払金額を抑える意
味でも、初期価格を抑えることが非常に重要です。

　また数億円以上の案件や、1システムではなく、会社のシステム全体で利用するような
場合は、大幅な値引きや、ULA（Unlimited License Agreement、包括契約の一種）など
で、定価に対して大幅に安価に利用できる模様です。

　ULA以外にも安価に購入できる契約メニューがあるそうなので、大量に購入する計画
がある場合は日本オラクル社、あるいは日本オラクル社の販売代理店の営業に相談してみ
るのも一手です。

4-3

表

データベースオブジェクトには、表やビュー、シノニム、索引、順序などがあります。この中で最も代表的かつ基本的なものが表（テーブル）です。ここではまず、表について説明します。

▶▶ 表の概要

表（table）は、Oracle Databaseの中核を構成するデータベースオブジェクトです。Oracle Databaseでは、表はデータを記録する領域の基本的な単位で、列と行がある2次元のイメージで表されます。

また、列と行の交差するポイントを**フィールド**と呼び、1つのフィールドに1つのデータを格納できます。格納できるのは、文字データや数値データ、さらには音楽や映像などのマルチメディアデータなど様々です。

表は、必ずユーザーの所有物として存在します。表に限らず、ビューも索引もシノニムもすべて、ユーザーの所有物となっています。

▶▶ 列

列（column）は、表の構成要素の1つで、表の縦方向に並んだ項目のことです。

例えば、94ページの「従業員表」であれば、〈従業員No.〉〈氏名〉〈部署名〉〈役職〉〈住所〉などの項目がそれぞれ列になります。

1つの列ごとに、次のような属性があります。

●列名

列の名前です。例えば、〈氏名〉といった列の場合、「増田」「伊藤」などの〈氏名〉に対応した値が格納されます。

●データ型

列ごとに格納できるデータ型（データの種類）が設定されています。データ型

には、文字や数値、日時など、いろいろな種類があります。Oracle Database で
よく使われる代表的なデータ型には、下の表のような種類があります。

Oracle Database で使われる代表的なデータ型		
データ型	種類	説明
CHAR 型	文字データ型	設定された文字数ないしバイト数が固定された文字列を格納するデータ型。設定可能な長さは最大 2,000 バイト、もしくは 2,000 バイトに収まる文字数
VARCHAR2 型	文字データ型	設定された文字数、もしくはバイト数の範囲内の可変長の文字列を格納するデータ型。最大 4,000 バイト、もしくは 4,000 バイトに収まる文字数。12c より、MAX_STRING_SIZE を EXTENDED に設定すると、最大値が 32,767 バイトになる
NCHAR 型	文字データ型	設定された文字数で固定された Unicode 文字列を格納するデータ型。設定可能な長さは最大 2,000 バイトに収まる文字数
NVARCHAR2 型	文字データ型	設定された文字数の範囲内の可変長の Unicode 文字列を格納するデータ型。最大 4,000 バイトに収まる文字数。12c より、MAX_STRING_SIZE を EXTENDED に設定すると、最大値が 32,767 バイトになる
NUMBER 型	数値データ型	最大精度 38 桁、-84 〜 127 桁の位取りが可能な固定少数の数値データ型。消費サイズは格納した値により 1 〜 22 バイトの可変長
BINARY_FLOAT 型	数値データ型	32 ビットの単精度浮動小数点数データ型。固定で 5 バイトを消費する。正の最大値：3.40282E+38F、正の最小値：1.17549E-38F
BINARY_DOUBLE 型	数値データ型	64 ビットの単精度浮動小数点数データ型。固定で 9 バイトを消費する。正の最大値：1.79769313486231E+308、正の最小値：2.22507485850720E-308
DATE 型	日付データ型	年月日時分秒のデータを格納。固定で 7 バイトを消費する。紀元前 4712 年 1 月 1 日 . 紀元 9999 年 12 月 31 日の範囲を格納
TIMPSTAMP 型	日付データ型	年月日時分秒と、指定された桁の秒以下のデータを格納。固定で 7 バイトもしくは 11 バイトを消費する。秒以下の桁数は 0 〜 9 の範囲で指定された桁数で固定
TIMPSTAMP WITH LOCAL TIME ZONE 型	日付データ型	TIMESTAMP 型にデータベースのローカルのタイムゾーンの情報を付加。固定で 7 バイトもしくは 11 バイトを消費する

第4章 データベースオブジェクト

TIMPSTAMP WITH TIME ZONE 型	日付データ型	TIMESTAMP 型にタイムゾーンの情報を付加した日付データ型。固定で 13 バイトを消費する
INTERVAL YEAR TO MONTH 型	期間データ型	X 年 X ヶ月という期間を格納するデータ型。固定で 5 バイトを消費する
INTERVAL DAY TO SECOND 型	期間データ型	日時分秒という期間を格納するデータ型。固定で 11 バイトを消費する
RAW 型	バイナリデータ型	設定された文字数ないしバイト数の範囲内の可変長のバイナリデータを格納するデータ型。最大 4,000 バイト、もしくは 4,000 バイトに収まる文字数。12c より、MAX_STRING_SIZE を EXTENDED に設定すると、最大値が 32,767 バイトになる
CLOB 型	文字列データ型	最大 4GB-1 バイトの長文テキストを格納するデータ型
NCLOB 型	文字列データ型	最大 4GB-1 バイトの長文 Unicode テキストを格納するデータ型
BLOB 型	バイナリデータ型	最大 4GB-1 バイトのバイナリデータを格納するデータ型
JSON 型	文字列データ型	JSON を格納するためのデータ型。21c より追加
BOOLEAN 型	論理値データ型	「真」と「偽」のフラグ値を格納するデータ型。23c より追加

　このほかにも、複数の列で構成されるオブジェクト型や、XML データを格納するための XMLTYPE 型など、様々なデータ型があります。

●長さ

　その列のバイト数です。例えば、DATE 型については、自動的に 7 バイトで格納されます。なお、CHAR 型と VARCHAR2 型は、文字列長の指定方式をバイト数と文字数から選択できます。

●NULL の許可 / 不許可

　NULL * のデータの格納を許可するかどうかを設定します *。このほかにも既定値を設定できたり、いろいろな属性がありますが、ここでは省略します。

＊ **NULL**　NULL(ヌル)は、まったく何も値が入っていない状態のことを指す。「0」や、長さゼロの文字列「''」とは異なるので、注意が必要。

＊ **設定します**　NOT NULL 制約を設定すると、NULL が格納できなくなる。4-9 節「制約」を参照。

4-4

索引

索引は、表に従属するデータベースオブジェクトで、データ検索のパフォーマンス向上を目的としたものです。いわば本の索引のようなものです。Oracle Databaseには、目的に応じていくつかの方式の索引があり、それぞれ特徴があります。

▶▶ 索引の概要

索引（index）は、特定の例をあらかじめソート（並べ替え）しておき、データへのアクセススピードを向上させるもので、1つの表に複数設定できます。ユーザーは索引を使うことで、目的とするレコードに効率よくたどり着けます。しかもユーザーは、通常、複数ある索引のどれを使うべきかに頭を悩ませる必要はありません。Oracle Databaseが最適な索引を判断してくれるからです。

Oracle Databaseは、ある検索要求を処理するとき、使用可能な索引の中から最も効率がよいと判断できるものを、基本的には1つの表について1つ選択して利用します。

▶▶ 索引を設定する基準

ただし、索引はどんな場面でも万能なわけではありません。索引が有効な場面とそうでない場面があります。なんでもかんでも索引を付ければよい、というわけではありません。

以前、表のすべての列に索引を設定していたお客様に出会ったことがありますが、必要でない列にまで余分な索引を設定すると、パフォーマンスを下げることがあります。

索引は、Oracle Databaseが自動的にアップデートしてくれます。裏返すと、表のレコードに更新が発生するたびに、表にぶら下がった索引も芋づる式にメンテナンスされるということです。

10の索引がある表と、100の索引がある表では、100の索引がぶら下がって

いる方がメンテナンスに時間がかかり、パフォーマンスが落ちることは明らかです。ですから、やたらに必要のない列にまで索引を設定しても「百害あって一利なし」ということになります。

なお、索引は複数のパーティション*に分割できます。ある種のデータ構造では、そうすることによってデータ検索の高速化を図れることがあるためです。

索引の仕組み

索引

従業員No.	ROWID*
5861	……
5862	……
5863	……
5864	……
5865	……

従業員表

従業員No.	氏名	部署名	役職
5863	手塚	業務	主任
5865	松井	営業	
5862	伊藤	総務	
5861	増田	営業	課長
5864	高木	開発	

索引のソートされている
従業員No.を検索

索引のROWIDをもとに、
目的の表のレコードへアクセスする

▶▶ 索引の種類

索引には、次のような種類があります。

① Bツリー索引
② Bツリークラスタ索引
③ハッシュクラスタ索引
④逆キー索引
⑤ビットマップインデックス
⑥ビットマップジョインインデックス
⑦ファンクションベース索引
⑧ドメイン索引

この中で最も一般的に使用されているのが、Bツリー索引です。

---

*パーティション 8-2節「パーティション」を参照。
* ROWID Oracle Database が自動的に付与する行の識別情報。ROWID は、データベース上のほかのどの行と
　　　　異なる値になる。

4-5

ビュー

ビューは、仮想表のような概念です。Oracle Databaseだけではなく、ほかの
RDBMSにもこの概念は存在します。

▶ ビューの概要

　ユーザーから見れば、**ビュー(view)**の外見は表と変わりません。違うのは、ビュー
はいわば「レイアウト」のみを定義した入れ物のようなものであり、実際のデータ
がそこに格納されているわけではないという点です。

　ビューを使うケースはいろいろあります。単純な例では、実際の表の列名に「別
の名前」を付けて表示したいだけの場合、または実際の表の中から、一部の列の
みを指定した順で表示させたい場合などにもビューを使います。

　例えば、「Sales 表」に〈CustCode〉〈SalesDate〉〈ItemNo〉〈SalesAmt〉
という名称の列があるとします。

　これをわかりやすく日本語で表示したい場合、列名を日本語で定義するのは、い
ろいろな理由でお勧めできませんが、ビューを使えば表の定義はそのままで、表
示上の列名だけを日本語にすることができます。

　また、別の「Customer表」にも〈CustCode〉〈CustName〉という列名あっ
たとします。これらをうまく合成すれば、〈CustCode〉〈CustName〉〈SalesDate〉
〈ItemNo〉〈SalesAmt〉という列の並びを持った表があるかのように表示すること
ができます。SQL文でその都度、加工するのではなく、ビューとしてそのようなレ
イアウトを定義してしまえば、まるで新しい表がそこにあるかのように扱えるのです。

　RDBMSにおける**正規化**[*]の重要性を考えると、いちいち必要に応じて新しい
表を作っていくわけにはいきません。大もとの表を複数組み合わせて、必要なレ
イアウトの仮想表を合成していけば、実際の表が重複することもなく、非常に効率
的なのです。

　もちろん、表の場合と同じように、ビューに対しても問い合わせや更新、挿入や
削除などの操作を行えます。そしてこれらの更新結果は、すべてビューを構成す

---

[*]**正規化**　一般的には、データを加工し、利用しやすくする処理のこと。RDBMSの場合、データを複数の表に
　　　分割し、データの冗長性を排除する処理を意味する。

る実表にも反映されるのです＊。

▶▶ ビューの効用

　ビューには、ほかにも利点があります。表に限らず、データベースオブジェクトには数々の**アクセス制限**＊を設定できるのですが、ビューに対する権限設定はビューで定義された対象列や対象行にのみ有効となります。

　ですから、ある表全体に対してはアクセスを禁止し、例外的にビューを通じてのみ許可されたエリアにだけアクセスさせる、といった制御も可能になります。

　例えば、下の図では、ユーザーは、「売上表」と「顧客表」を合成したビューの〈顧客名〉〈所在地〉〈担当者〉は参照できますが、〈今期売上〉だけは参照できないようになっています。また、「自分の社員コードの付いたレコードだけ自分で参照できる」という使い方も可能です。

　このように、ビューは表のセキュリティレベルを上げるとともに、実表の複雑さを隠蔽することができます。

ビューの仕組み

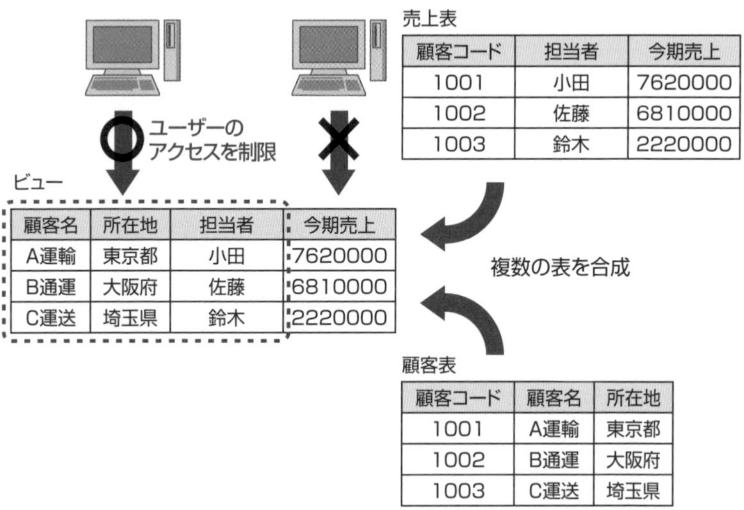

売上表

顧客コード	担当者	今期売上
1001	小田	7620000
1002	佐藤	6810000
1003	鈴木	2220000

ユーザーの
アクセスを制限

ビュー

顧客名	所在地	担当者	今期売上
A運輸	東京都	小田	7620000
B通運	大阪府	佐藤	6810000
C運送	埼玉県	鈴木	2220000

複数の表を合成

顧客表

顧客コード	顧客名	所在地
1001	A運輸	東京都
1002	B通運	大阪府
1003	C運送	埼玉県

＊**更新結果〜反映されるのです**　ただし一部の制約があり、更新できない場合もある。
＊**数々のアクセス制限**　4-2節「権限とロール」を参照。

4-6

順序

主キーの値としてシステムが機械的に生成した一意の数値を用いたい場合、順序
（シーケンス）というデータベースオブジェクトを使用することで実現が可能です。

▶▶ 順序とは

順序（sequence）は、アクセスするたびに指定した増分値（マイナスも可能）
で数値を生成し続けるカウンターのようなデータベースオブジェクトです。主に主
キーやユニークキー＊のような、一意の数値を必要とする列の値の生成のために使
用されます。

作成時に初期値、増分値、上限／下限値を指定します。上限／下限に達した場合は、
そこでもう利用できなくなるか、あるいは再度初期値からカウントを再開するかを
指定することができます。

▶▶ 順序の注意点と対応策

順序には、次のような注意点があります。

●生成結果が連番だとは限らない

順序は、結果的には連続値を生成しますが、生成結果が連番であることを保証
するものではない点に注意が必要です。順序は、あくまでも一意な値の集合を生
成することを目的としたオブジェクトです。一度採番した値は、再カウントしない
限り二度と生成できません。

例えば、順序で生成した値を使用したトランザクションがロールバックされた場
合は、その値は結果的に空き番号になります。このような抜け番を防ぎたい場合は、
順序を使用するのではなく連番生成機能を自作する必要があります。

●高負荷を与える可能性がある

また、順序の高頻度な利用は、データベースへ負荷を与えます。特にRAC環境

＊**主キーやユニークキー** 4-9節「制約」を参照。

の場合、ノード間で順序の値を共有する必要性があるため、その負荷はより顕著になります。ある程度のチューニングも可能ですが、順序ではなく、別の一意生成手段を使用することも一案です。

　別の一意生成手段をOracle Databaseの機能で対応する場合は、SYS_GUIDという一意値を生成するSQL関数が存在します。あるいはアプリケーション側で、例えばUUID*のような一意値生成手段を使用してください。

　ただし、どちらの場合も生成値が16バイトのバイナリ値となりますので、あくまでも数値を生成したい場合は連番生成機能を自作する必要があります。

＊UUID　「Universally Unique Identifier」の略称。ソフトウェア上でオブジェクトを一意に識別するための128ビットの識別子。多くの開発言語でUUIDを生成するライブラリが提供されている。

4-7

シノニム

シノニムは、オブジェクトの別名のことです。シノニムは大変優れた概念で、セキュリティレベルの向上にも有用です。

シノニムの概要

あらゆるオブジェクトには、その持ち主であるユーザーが存在し、所属するスキーマが存在します。オブジェクト名の正確な表記は、所属するスキーマ名で修飾したものになります。

例えば、ユーザー SAITO が所有する表「HANBAI表」を正確に記述すると、「SAITO.HANBAI」となります。ユーザー SAITO が自分自身のHANBAI表にアクセスするときは、単に「HANBAI」と記述すればよいのですが、別のユーザーがその表にアクセスするときには、自分の所有する表と区別する意味もあり、必ず「SAITO.HANBAI」のように記述しないとなりません。

ところが、ここでユーザー SAITOさんの所有する「HANBAI表」に対して、もっと簡単な別の名前、例えば「HanbaiA」という名前を付けることができます。これがシノニム（synonym）です。以後、ユーザーは「SAITO.HANBAI」といちいち記述しなくとも、ただ「HanbaiA」と記述するだけでよくなります。

シノニムの効用

シノニムには、次のような効用があります。

●セキュリティ上の効用

シノニムを使うと、データベースオブジェクトを正確に記述しなくてもよいため、その所有者や格納場所などを隠蔽できます。

●アプリケーションの保守性の向上

オブジェクトの格納場所が移動したり、名称が変更になっても、シノニムを再定

義するだけでよく、アプリケーションを変更する必要がありません。

　もう1つ、おまけのようなものですが、シノニムを使用してデータベースオブジェクト名を簡単なものにすることでSQL文を読みやすくする効果もあります。

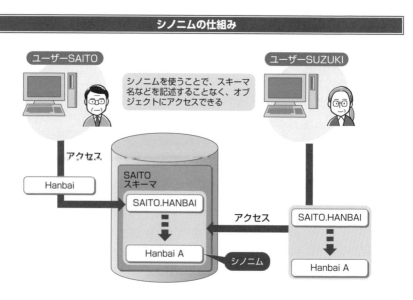

▶▶ パブリックシノニムとプライベートシノニム

　シノニムには、**パブリックシノニム**と**プライベートシノニム**があります。ただし、ほとんどの場合、シノニムを利用する場合は、パブリックシノニムを指すと思ってください。

●パブリックシノニム

　パブリックシノニムは、PUBLICという特別なスキーマの所有になっています（実際には、SYSユーザーのスキーマに格納されます）。データベースのあらゆるユーザーがアクセス可能です。ただし、シノニムは単なるデータベースオブジェクトの別名にすぎませんから、実際の対象となるデータベースオブジェクトへのアクセス権限を、別途付与する必要があります。

●プライベートシノニム

プライベートシノニムは、ほかのオブジェクト同様、特定のユーザーのスキーマに属する、該当ユーザー専用のシノニムです。

パブリックシノニムとプライベートシノニム

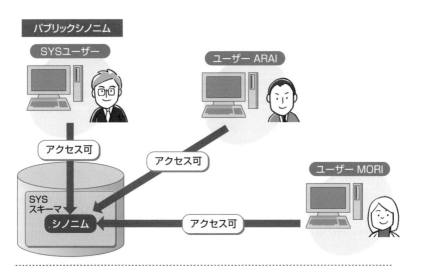

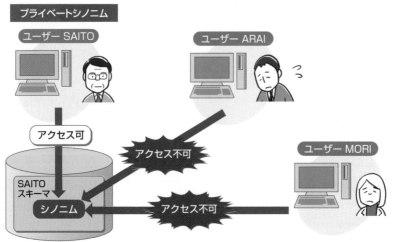

4-8

ストアドプログラム

ストアドプログラムを活用することで、アプリケーションのパフォーマンスの向上につながります。作成に際し、PL/SQLという独自言語の利用が基本となりますが、JavaやJavaScriptなども利用できるようになってきています。

▶▶ ストアドプログラムとは

ストアドプログラム（stored program）はその名称の通り、Oracle Databaseのサーバー内に「ストア（＝格納）」されるプログラムです。コンパイルされた実行モジュールの状態でストアされています。

ストアドプログラムを活用することで、以下のような利点があります。

●アプリケーションの高品質化

複雑なSQLをストアドプログラムにすることにより、SQLに長けた技術者がストアドプログラムを作成し、SQLが苦手なクライアントアプリケーション技術者がそれを呼び出して使うという形でアプリケーションの高品質化が実現できます。

●パフォーマンスの向上

複数のSQLを実行するアプリケーションの場合、SQL発行の都度、ネットワーク通信が発生しますが、ストアドプログラム化することにより、クライアントからの呼び出し回数を1回にでき、その分、ネットワーク通信の負荷が削減されてパフォーマンスが向上します。

●SQLの高速化

SQL文を一定のルールで整形するので、SQL文を共有しやすくなります。SQL文の共有は、Oracle DatabaseでSQLの高速化を図るために必須なチューニングの1つです。

●SQL関数の自作

オリジナルのSQL関数を自作できます。

▶ ストアドプログラムの種類

ストアドプログラムは、以下の種類に分類されます。

●プロシージャ（ストアドプロシージャ）

プログラムを実行した際に、戻り値のないストアドプログラムです。複数の SQL文など、データベースに対する一連の処理をプログラムにまとめ、RDBMS に保存したものです。

●ファンクション（ストアドファンクション）

プログラムを実行した際に、戻り値のあるストアドプログラムです。一定条件を 満たせば、オリジナルのSQL関数としてSQL文内で利用することも可能です。

●パッケージ（ストアドパッケージ）

似た処理の複数のプロシージャやファンクション、変数定義などをひとまとめに したストアドプログラムです。

●トリガー（データベーストリガー）

アプリケーションとして明示的に呼び出すのではなく、レコードのINSERT/ UPDATE/DELETEや、データベースの起動、テーブルの作成などの何らかの処 理をきっかけに自動的に起動するストアドプログラムです。

▶▶ PL/SQL以外のストアドプログラムを組める開発言語

ストアドプログラムは、基本的にOracle Database独自の開発言語であるPL/ SQLを使用して開発します。しかし、PL/SQLがOracle Databaseでしか使え ない言語でもあることから、PL/SQLの利用を忌避する開発者もいます。

そのような方々向けに、下記のような開発言語でもストアドプログラムの開発は

可能になっています。これによって「慣れた開発言語で開発できる」「PL/SQLで開発するよりも豊富なライブラリが使用できる」といったメリットもあります。

　ただし、どうしてもデータ型を合わせる部分で最低限のPL/SQLの知識は必要になります。23cでは、以下のような開発言語が使用できます。

●Java

　SIerのシステム開発において最も利用されているJavaをストアドプログラムの開発言語として使用することができます。ネイティブコンパイル*も可能なので、高速に稼働します。

　また、Javaストアド専用のJDBCドライバも提供されており、Javaストアド内でSQLを発行することも可能です。

●JavaScript

　21cからJavaScriptをストアドプログラムの開発言語として使用することができます。

　また、JavaScriptストアド専用のアクセスドライバも提供されており、JavaScriptストアド内でSQLを発行することも可能です。

●R言語

　統計解析向け開発言語である、R言語にも対応しています。R言語で書かれたストアドプログラムのデータアクセス部分は、データベース側でSQLに自動変換されますので、SQLを記述せずにテーブルの内容を解析することが可能です。

●その他

　PL/SQLの機能として、共有ライブラリ*を呼び出すことができます。その共有ライブラリの開発は、C言語のような共有ライブラリの作成が可能な開発言語であれば使用可能です。

---

*ネイティブコンパイル　その言語独自の実行形式ではなくネイティブコードにコンパイルすること。一例としては内部的にC言語のプログラムに変換してからコンパイルを行う。OSの実行形式になるため一般により高速に動くようになる。

*共有ライブラリ　他のプログラムから呼び出されることを想定して作成された実行形式のファイル。UNIX/Linuxであれば「.so」、Windowsであれば「.dll」という拡張子が付与される。

4-9

制約

　制約とは、「データの整合性」を保護するために、表の特定の列などにある種の
ルールを設定することです。いわば、設計者の意図から外れたデータが表に入力
されることを水際で防ぐための仕組みです。Oracle Databaseには、主に5つの
制約があります。

▶▶ 主キー制約

　主キー制約（primary key constraint）は、制約を付与した列（1 〜 32列）
の組み合わせの値が一意であり、かつNULL[*]データが含まれていないことを保証
します。表に対して1つしか付与できません。通常、特定の1行（レコード）を識
別でき、かつ値が変更される可能性がない列、ないし列の組み合わせに対して付
与します。

　主キー制約を付与することにより、表内に重複するキーの行が存在せず、同じ
主キーの行を二重持ちしていないことが保証されます。

　また、マテリアライズド・ビュー[*]のように、主キーがあることを前提としてい
る機能もあるため、主キー制約は必ず付与するようにしましょう。

▶▶ ユニーク制約（一意キー制約）

　ユニーク制約（unique constraint）は、制約を付与した列（1 〜 32列）の
組み合わせの値が一意であることを保証します。主キー制約と異なり、NULLを
許容し、表に対して複数付与することが可能です。

　ただし、NULLは複数行にあっても許容されるため、一意であることを保証で
きるのはNULL以外の値の行のみです。通常、主キー制約の対象になっている列
以外に行の一意を保証したい列が存在する場合に、その列に対してユニーク制約
を付与します。

　なお、ユニーク制約は、**一意キー制約**とも呼ばれます。

＊ **NULL**　NULL（ヌル）は、まったく何も値が入っていない状態のことを指す。「0」や、長さゼロの文字列「''」とは
　　　　異なるので、注意が必要。
＊ **マテリアライズド・ビュー**　12-2節「マテリアライズドビュー」を参照。

▶▶ NOT NULL制約

NOT NULL制約（not null constraint）は、制約を付与した列にNULLが含まれておらず、何らかの値が格納されていることを保証します。NULLデータを許容しない列に対してNOT NULL制約を付与します。

▶▶ 参照整合性制約（外部キー制約）

参照整合性制約（references constraint）は、制約を付与した列の値が、指定された表（同じ表でも別の表でも可）の列の値として存在することを保証します。参照される側の列に、主キー制約もしくはユニーク制約が付与されている必要があります。参照する側の表を子表（子テーブル）、参照される側の表を親表（親テーブル）と呼びます。

なお、参照整合性制約は、**外部キー制約**とも呼ばれます。

▶▶ チェック制約

チェック制約（check constraint）は、制約を付与した列が、制約付与時に指定された条件に合致していることを保証します。

例えば、「列名 ... CHECK IN（'A', 'B', 'C'）」と指定すると、この列には'A', 'B', 'C'以外の値が入っていないことを保証できます。

第**5**章

第II部　Oracle Databaseの基礎知識

データベースへの接続

本章では、クライアントアプリケーションから Oracle
Database への接続の基礎知識や接続を高速に行うための機
能について解説します。

5-1

データベース接続の基礎

Oracle Databaseに接続するためには、当然ながら接続の設定と接続のためのソフトウェアが必要です。具体的な接続方法を解説する前に、接続を行うために必要な基礎概念を本節で解説します。

▶▶ Oracle Databaseへの接続の概要

3-3節「インスタンス」で解説したように、Oracle Databaseは**マルチインスタンス**かつ**マルチデータベース**の構造をとることが可能です。

また、RAC構成の場合、複数のインスタンスに対しラウンドロビン＊や負荷の低いインスタンスに接続するロードバランスといった、接続先インスタンスが動的に決まる接続方法もあります。そのため、Oracle Databaseではインスタンスでもデータベースでもなく、それらの情報を内包する**サービス**という存在を対象にしてデータベース接続を実施します。

Oracle Databaseでは、クライアントアプリケーションは接続先に直接接続するのではなく、まず**リスナー**と呼ばれる接続処理を専門に行うプロセスを通じて接続を行います。ただし、一度セッションが確立してしまえば、以後のクライアントからの処理要求はリスナーを経由せず、接続先との直接通信となります。

Oracle Databaseへ接続するためには、基本的には**Oracle Client**と、**アクセスドライバ**という2種類のソフトウェアがクライアント側に必要です。

Oracle Clientは、Oracle Databaseのサーバーと通信と行うためのソフトウェアです。アクセスドライバは、開発言語が発行したSQL関連のAPIを提供しOracle Clientへ命令やデータを仲介するためのソフトウェアで、例えばJDBCなどがその1つです。

また、アクセスドライバには通信機能を含むものとそうでないものがあり、前者であればOracle Clientがなくても接続可能です。Oracle Client関連は、次節で解説します。

＊**ラウンドロビン**　利用対象が複数ある場合、順番に利用する方法。

接続に必要な設定ファイル

Oracle Databaseに接続するためには、以下のファイルが必要な場合があります。
これらのファイルは接続時にのみ参照されます。

● listener.ora

サーバー側でリスナーが接続受付するために必要な情報（接続対象となるサービス、ホスト名、TCP/IPポート番号等）や通信チューニング系の設定を行うテキストファイルです。

基本的にデータベース管理者が設定しますので、開発者の方がこのファイルを編集することは稀です。

● tnsnames.ora

クライアント側で接続先のサービスを定義するファイルです。複数の宛先の情報を設定可能です。ただし、このファイルを使用しない接続方法も後続の項で解説します。

● sqlnet.ora

接続指定方法*、接続にデジタル証明書*を使用する場合の証明書の配置場所など、クライアント側で接続先に関わらず、共通して適用される設定を行うファイルです。

---

* **接続指定方法** 5-3節「基本的な接続方法」を参照。
* **デジタル証明書** 暗号鍵を使用した通信を行う場合に鍵が正しいことを証明するファイルのこと。Oracle Databaseではデジタル証明書を使用した通信にも対応している。

Oracle Databaseへの接続

接続確立時

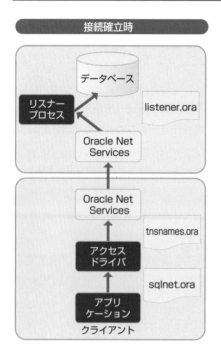

接続確立時

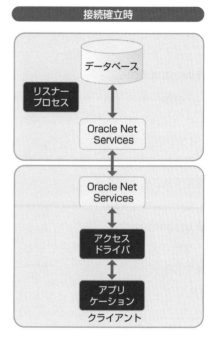

5-2
接続に用いるクライアントツール

Oracle Databaseへの接続に用いるソフトウェアであるOracle Clientには、2つの種類があります。また、後述するように、Oracle Clientがなくても接続できるケースもあります。

▶▶ Oracle Clientとは

一例として、SQL*PlusやSQL*LoaderといったOracle Database標準ユーティリティの一部は、そのツール単体では接続ができず、**Oracle Client**というデータベースサーバーとの通信を行うソフトウェアを必要とします。

Oracle Clientは、**Oracle Net Services**というプロトコルを通じてサーバーと通信します。Oracle Clientには、下記の2種類のソフトウェアが提供されています。

●ファットクライアント（Fat Client）

シッククライアント（Thick Client） とも呼びます。Oracle Databaseのインストールは、**Oracle Universal Installer（OUI）** というGUIベースのインストールツールを用いて行いますが、OUIを通じてインストールされるOracle Clientはこのタイプになります。ただ「Oracle Client」と呼称する場合は多くの場合ファットクライアントを指します。

●インスタントクライアント（Instant Client）

OUIを使用せずに、圧縮ファイルを展開するだけでインストールが完了するOracle Clientが**インスタントクライアント**になります。

実際の接続方法や利用可能な機能はどちらも同じなので、インストールがより簡単で自作アプリケーションと一緒に配布することも可能なインスタントクライアントの利用が主流になっています。

▶▶ Oracle Clientが不要なケース

　再度の説明になりますが、基本的にクライアント側でOracle Databaseにアクセスするには、次の3つが必要です。

① SQL を発行するアプリケーション
②アクセスドライバ（JDBC など）
③ Oracle Client

　しかし、一部のアクセスドライバは、Oracle Clientの機能を内包しており、その結果、Oracle Clientがなくとも動きます。このケースではOracle Clientが不要なので、前節で紹介したtnsnames.oraやsqlnet.oraも不要です。

　このようなClient機能を内包したアクセスドライバを総称して、**シンドライバ（Thin Driver）** と言います。また、これらシンドライバに対してOracle Clientが別途必要なアクセスドライバを**シックドライバ（Thick Driver）** と言います。

　ただし、シンドライバは、シックドライバと比べて一部の機能が使用できません。しかし、Oracle Clientが不要でアプリケーションと一緒に配布できる＊という簡便さと、「使えない機能」の中に「実際に使えなくて困るもの」があまりないこともあって、シンドライバの利用が主流となっています。

＊**アプリケーション〜配布できる**　シックドライバの場合、別途インストールが必要。

5-3

基本的な接続方法

本節では、SQL*Plusを例に簡易接続ネーミング・メソッドとローカル・ネーミング・メソッドというOracle Databaseへの接続方法について解説します。これら以外にも接続方法はあるのですが、ほぼ利用されていないのが実情です。

▶▶ 簡易接続ネーミング・メソッド

簡易接続ネーミング・メソッド**（EZCONNECT）**は、tnsnames.oraを使用せず、接続のコマンドに接続に必要な情報を記述する方式です。

tnsnames.oraが不要というメリットがある一方、接続コマンドの記述を特に細かいパラメータまで指定すると、冗長になるデメリットがあります。

簡易接続ネーミング・メソッドは、下記のようにユーザーとパスワードと接続先情報を指定して接続します。

▼簡易接続ネーミング・メソッドの接続例（コマンド例）

```
CONNECT ユーザー名/パスワード@接続先情報
```

「接続先情報」は、基本的に「接続先のホスト名:ポート番号/サービス名」という形式で指定します。

例えば、接続先情報を含む、簡易接続ネーミング・メソッドの接続例は、次のようになります。

▼接続先情報の例

```
CONNECT sampleusre/samplepass@HOSTNAME:1521/SampleSrvNm
```

●ホスト名

IPアドレスでも構いません。

●ポート番号

デフォルトは1521ですが、Oracle Cloudでは1522を使用しているケースもあります。また、データベース管理者がほかのポート番号に変更しているケースもあります。

●サービス名

データベース管理者に確認してください。サービス名は通常「db01.shuwasystem.co.jp」といった、ドメイン名のような名称を付与しますが、DB管理者の判断でそうではない名称に変更される場合もあります。

▶▶ ローカル・ネーミング・メソッド

ローカル・ネーミング・メソッドは、Oracle Clientを使用している場合にtnsnames.oraという設定ファイルを使用してコマンド発行時の接続先情報をよりシンプルに記述できる方法です。そのかわり、設定ファイル作成などの事前準備が必要です。また、システム更改により接続先情報が変更になっても、tnsnames.oraを修正するだけでアプリケーションのソースを修正する必要がなくなります。

ローカル・ネーミング・メソッドも簡易接続ネーミング・メソッドと同様、基本的な記述は、次のようにユーザーとパスワードと接続先情報を指定して接続します。

▼ローカル・ネーミング・メソッドの接続例（コマンド例）

```
CONNECT ユーザー名/パスワード@接続先情報
```

ここで「@接続先情報」とある具体的な内容（ホスト名やポート番号など）はtnsnames.oraの中に定義します。その記述の中で、接続先情報に対して任意の名称（＝接続子）を定義します。この接続子を「接続先情報」として指定します。

▼ファイルサンプル：tnanames.oraの記載例

```
sampledb =  …接続先情報と指定する名前（接続子）

  (DESCRIPTION=

    (ADDRESS = (PROTOCOL = TCP)

                  (HOST = dbserver1.shuwasystem.co.jp)  …接続先ホスト名

                  (PORT = 1521)  …ポート番号

  )

  (CONNECT_DATA =

    (SERVICE_NAME=exampledb.shuwasystem.co.jp)  …サービス名

  )

)
```

第5章　データベースへの接続

▶▶ どちらの接続方式を用いるべきか

　ローカル・ネーミング・メソッドと簡易接続ネーミング・メソッドのどちらを選択すべきかについては、一概には言えません。

　ただし、アクセスドライバとしてシンドライバを使用した場合は、Oracle Clientが不要となり、tnsnames.oraを使用することもできなくなるので、簡易接続ネーミング・メソッドを使用することが前提となります。

　それ以外の場合、つまりOracle Clientを使用している場合は、どちらの方式も利用可能なので、各接続方式のメリット/デメリット*を鑑みて決めてください。

＊メリット/デメリット　真逆の性質なので、どちらかが絶対に優位というわけではない。

5-4

応用的な接続方法

本節では、前項の基本的な接続方法をベースに、コネクションプーリングを使用した接続方法を解説します。本文で解説する通り、コネクションプーリングを使用すると、接続を高速化させることが可能です。

▶▶ コネクションプーリングとは

基本的にデータベースへの接続は、アプリケーションが起動するたびに発生します。

コネクションプーリングとは、この接続の負荷を軽減して接続時のパフォーマンスを高速化させる目的で実装されている機能です。

具体的には、事前にデータベースに接続したいアプリケーションとは異なるソフトウェア側で接続を完了させておき、アプリケーションはその接続を再利用する方式です。

コネクションプーリングは、Javaのアプリケーションサーバーなどでよく用いられ、データベースでこの機能を持っているケースは少ないです。しかしOracle Databaseはデータベース自体がコネクションプーリングの機能を持っているので、どの開発言語でもコネクションプーリングが利用できるという利点があります。

また、Oracle Databaseではクライアント側とサーバー側の両方にコネクションプーリングの機能があるため、両方を併用することも可能です。

▶▶ クライアント側のコネクションプーリング

クライアント側のコネクションプーリングの機能は、基本的にアクセスドライバのAPI[*]で提供されています。

また、**oraaccess.xml**という設定ファイルをクライアント側に用意すると、アクセスドライバの対応有無に関わらず、コネクションプーリングの機能を利用することが可能です。ただしoraaccess.xmlを利用するためにはファット/インスタントクライアント問わず、Oracle Clientが必要です。

＊アクセスドライバのAPI ただし、この機能を提供していないアクセスドライバもあるため、注意が必要。

▶ サーバー側のコネクションプーリング

　サーバー側のコネクションプーリングの機能は、Oracle ClientやアクセスドライバのコネクションプーリングAPIの有無に関わらず、すべてのアプリケーションで使用することが可能です。

　また、サーバー側のコネクションプーリングには、**Database Resident Connection Pool（DRCP）**という機能名が付けられています。

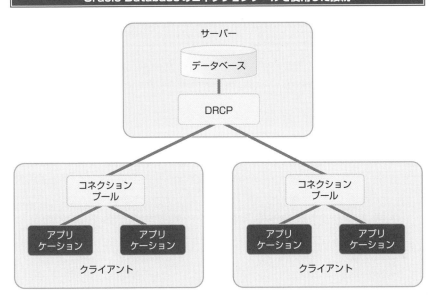

Oracle Databaseのコネクションプールを使用した接続

高性能で大容量のOracle Exadata Database Machine

2008年より、オラクル社ではOracle Exadata Database Machine（以下Exadata）というEngineered Systems（ソフトウェア/ハードウェア一体型製品）の販売を始めました。Exadataは、Engineered Systemsとして発売された最初の製品となります。Exadataは、Linux版Oracle Databaseがプリインストールされている、データベースサーバー専用機です。

Exadataでは、以下のような機能により、ほかのサーバーを使うよりも比較的安価に高い性能を引き出すことができます。

● 100GBのネットワーク帯域

Exadataの実態は、複数のサーバーの塊です。各サーバーは以前は40GBのInfinibandを使用して結線されていましたが、現在は100GBのEhernetが使用されています。

●大容量のHDD/Flash

HDDを大量に搭載することによって、並列度の高いパラレル処理を可能にしてI/O性能を引き上げています。また、FlashをRead/Writeキャッシュに使用することで性能とコストのバランスをとっています。各サーバーは以前は40GBのInfinibandを使用して結線されていましたが、現在は100GBのEhernetが使用されています。

●圧縮機能

Hybrid Columnar Compression（HCC）というテーブル圧縮機能により、ディスク容量の節約と読み取り性能の向上を両立させています。最新モデルでは、Flashに載っているデータの圧縮も可能となっています。

●SmartScanとStorage Indexによる検索性能の向上

Exadataでは、検索処理をディスク装置で行って検索結果のみデータベースサーバーに戻すため、高速な検索が可能になっています。

2008年に出荷されたV1というモデルのみ、ヒューレット・パッカード社との共同開発であり、2代目のV2以降はサン・マイクロシステムズ社と共同開発となっています（現在は会社ごと買収したため、自社開発ですが）。

第Ⅱ部　Oracle Database の基礎知識

その他基礎知識

第Ⅲ部に入る前に、今までのカテゴリに入らないが Oracle
Database を理解する上で欠かせない基礎知識について解説
します。本章に関する知識があると、Oracle Database への
理解も早まります。

6-1

初期化パラメータ

初期化パラメータは、Oracle Databaseを利用する際に頻出する用語です。初期化パラメータは400個以上もあるため、すべてを紹介することは難しいのですが、本節にて概要を紹介いたします。

▶▶ 初期化パラメータとは

初期化パラメータは、Oracle Databaseの稼働に関連するパラメータのことで、**初期化パラメータファイル**というファイルに設定します。

昔はinit〈SID〉.oraというテキストファイルで設定していましたが、現在はspfile〈SID〉oraというバイナリファイルが使用されています。spfile〈SID〉.oraの作成やパラメータの設定変更はすべてSQLコマンドで行います。

テキストファイルのことを**PFILE**、バイナリファイルのことを**SPFILE**と呼びます。どちらもインスタンス起動時に読み込まれて設定されますが、大半のパラメータは起動後に変更することができます。一部の初期パラメータは現行セッション内のみ一時的に変更させ、全体的な影響を与えることを避けることが可能です。

また、一部のパラメータは設定の変更を反映させるためにインスタンスの再起動が必要です。

▶▶ 初期化パラメータの設定対象

初期化パラメータは、主に以下のような設定が対象になります。

●インスタンスで確保するメモリサイズ

① SGA_TARGET

SGA の大きさを指定します。

② PGA_AGGRIGATE_TARGET

　　PGA の大きさを指定します。本パラメータに関してはおおよその目標値とな
り、一時的にこのサイズを超える場合があります。

③ MEMORY_TARGET

　　SGA+PGA のトータルサイズを指定します。このパラメータを設定すると、
SGA_TARGET と PGA_AGGRIGATE_TARGET は設定しても無効になります。

●稼働に関連するディレクトリ

① DIAGNOSTIC_DEST

　　ログ出力ディレクトリ。6-4 節「アラートログ、トレースファイル」を参照し
てください。

② DB_CREATE_FILE_DEST

　　デーベースファイルを配置するディレクトリを指定します。

●データベース構造関連

① CONTROL_FILES

　　制御ファイルのフルパス名称を指定します。

② DB_BLOCK_SIZE

　　デーベースのブロックサイズを指定します。

③ DB_FILES

　　オープン可能なデータベースファイルの数を指定します。

第6章 その他基礎知識

④ SPFILE

SPFILE のフルパス名称を指定します。

● SQLチューニング関連

① CPU_COUNT

データベースで使用可能な CPU スレッド数を指定します。

② DB_FILE_MULTIBLOCK_READ_COUNT

フルスキャン時の 1 回の読み込みの大きさを指定します。大きくするほどフルスキャンの性能が向上しますが、実行計画でフルスキャンが選択されやすくなります。自動で最適値が設定されるので、基本的には変更しません。

③ OPTIMIZER_INDEX_COST_ADJ

索引スキャンのコストを 1 ～ 10000 で指定します。デフォルト値は、100 です。低くするほど、索引スキャンを優先します。

● セッション関連

① PROCESSES

起動可能なユーザープロセスの上限です。最低 6 で、CPU 数に基づいて自動算出されます。

② SESSIONS

接続可能なセッション数の上限です。「(1.5 × PROCESSES) + 22」の値がデフォルト値になります。

ここで紹介している以外にも、特定の機能の利用可否や特定の機能のチューニングなどを目的としたパラメータが数多く存在します。

6-2

データディクショナリと動的パフォーマンスビュー

Oracle Databaseは、ユーザーやスキーマオブジェクト、メモリ構造に関する情報をチェックするため、常時データディクショナリにアクセスしています。

データディクショナリの概要

データディクショナリ（data dictionary）[*]は、データベースを使用するために必要となる情報を格納した複数の実表、およびビューのセットのことです。個々のデータベースを作成した時点でSYSTEM表領域に自動的に作成され、各データベースに1つだけ存在します。

データディクショナリが破損すると、データベースが使用できなくなります。そのため、ユーザーが誤って破損することのないように、基本的には読み取り専用[*]となっています。さらにユーザーは、ほとんどの場合、データディクショナリの実表に直接アクセスせず、数多くあるビューのどれかを通して情報を参照します。

原則的に、データディクショナリの実表にアクセスするのは、Oracle Database自身だけです。例えば新しく表が作成されたり、ユーザーに新しい権限が付与された場合など、データディクショナリが変更されるような要件の発生したときのみ、実表にアクセスし、格納されている情報を再帰的SQL[*]により変更します。

データディクショナリに格納されている情報には、主に下記のものがあります。

①データベース内のあらゆるスキーマオブジェクトの定義
②各スキーマオブジェクトに割り当てられた領域と、現在使用中の領域の容量
③列のデフォルト値
④制約[*]に関する情報

---

* **データディクショナリ**　カタログと呼ばれることもある。
* **読み取り専用**　データディクショナリは、読み込めても書き込めない状態になっているが、データディクショナリの実表およびビューの所有者であるSYSユーザーだけはデータディクショナリへの書き込みが可能となっている。また、「USER_COL_COMMENTS」などのユーザーが書き込むことを前提としているデータディクショナリも存在する。
* **再帰的SQL**　ユーザーが発行したSQLを処理するために必要な、データディクショナリへの更新用SQLをOracle Database自身が発行すること。
* **制約**　4-9節「制約」を参照。

⑤Oracleのユーザーの名称および付与されている権限ロール

▶▶ データディクショナリの構成要素

データディクショナリは、実表とデータディクショナリビューで成り立っています。

●実表

実表の中で読み書きが許可されているのは、Oracle Database本休のみです。ユーザーは参照のみ可能ですが、ほとんどの場合は実表ではなく、次に述べるビューを通して問い合わせを実行します。

●データディクショナリビュー

データディクショナリビューは、上記の実表のビューです。

Oracle Databaseには、800以上のデータディクショナリビューがあり、大別すると以下の4つのグループに分けられます。

①USERビュー

USERビューは、現行ユーザーと、そのスキーマに関する情報を格納し、接頭語「USER_」で始まります。通常のデータベースユーザーが最も頻繁に使用するビューです。

USERビューは、自分が作成した表や索引や制約、自分がほかのユーザーに与えた権限などが参照できます。ほとんどのUSERビューで、後述するALLビューと同じ情報を参照できますが、ALLビューにある「OWNER (所有者)」の情報が省かれています*。

主なUSERビューを、次の表にまとめておきます。

---

*「OWNER(所有者)」〜省かれています。 OWNERは、暗黙的に現行ユーザーと見なされるため。

主なUSERビュー

ビュー名	説明
USER_FREE_SPACE	ユーザーがアクセスできる表領域内の使用可能エクステントを示す
USER_CONSTRAINTS	現行のユーザーが所有する表の制約定義をすべて示す
USER_TABLES	現行のユーザーが所有するオブジェクト表およびリレーショナル表を示す

例えば、SQL*Plus[*]で次のようなSQL文を指定した場合、現行ユーザーの所有するテーブル名、割り当てられた表領域名、初期エクステント数の一覧を参照できます。

```
SELECT table_name, tablespace_name, initial_extent
  FROM USER_ALL_TABLES;
```

② ALLビュー

ALLビューは、現行ユーザーがアクセス可能なすべての情報を表示するためのビューで、接頭語「ALL_」で始まります。

ビューの列構成のサンプルとして、「ALL_COL_PRIVS」の場合を紹介します。このビューは、現行のユーザー、またはPUBLICがオブジェクト所有者、権限付与者、権限受領者である列オブジェクトの権限付与を示します。

「ALL_COL_PRIVS」の情報

列名	データ型（長さ）	内容
OWNER	文字データ型（30文字）	オブジェクトの所有者
GRANTOR	文字データ型（30文字）	権限付与を実行したユーザー名
GRANTEE	文字データ型（30文字）	アクセス権を付与されたユーザー名
TABLE_SCHEMA	文字データ型（30文字）	オブジェクトのスキーマ名
TABLE_NAME	文字データ型（30文字）	オブジェクト名
COLUMN_NAME	文字データ型（30文字）	列名
PRIVILEGE	文字データ型（40文字）	列についての権限
GRANTABLE	文字データ型（3文字）	権限がADMINオプション[*]付きで付与されたかどうか（YESかNO）

* **SQL*Plus** Oracle Databaseに対してSQL文を実行するために使われるアプリケーションの1つで、対話型の問い合わせツール製品。6-6節「その他のツール」を参照。
* **ADMINオプション** ADMINオプションが付いていると、付与された権限をさらにほかのユーザーに付与できる。

③DBAビュー

　DBAビューは、データベース全体に関する情報で、データベース管理者（DBA）のみがアクセス可能です。接頭語「DBA_」で始まります。

④CDBビュー

　マルチテナントアーキテクチャ*の場合、それぞれのプラガブルデータベース*（PDB）の情報をすべて閲覧できる、接頭語「CDB_」で始まるビューが追加されます。

⑤その他

　このほかにも、データディクショナリ表、およびデータディクショナリビューについての情報を示すDICTIONARYビュー、整合性制約違反の情報を示すEXCEPTIONSビュー、パブリックシノニムの情報を示すPUBLICSYNビューなど多数あります。

　ユーザーは、DICTIONARYビューをSELECT文などのSQL文で検索する*ことにより、自分が使用可能なデータディクショナリビューのリストを見られます。

▶▶ 動的パフォーマンスビュー

　Oracle Databaseを起動した後の稼働状況を見るためのディクショナリとして、**動的パフォーマンスビュー**が提供されています。

　動的パフォーマンスビューは、接頭語「V$」で始まります。例えば、現在接続されているセッションの一覧は「V$SESSION」という名前です。

　また、RAC構成の場合は、すべてのインスタンスの情報をまとめて見るために、接頭語「GV$」で始まる動的パフォーマンスビューが提供されています。例えば、すべてのインスタンスを対象に、現在接続されているセッションの一覧を取得するには「GV$SESSION」という動的パフォーマンスビューにアクセスします。

＊**マルチテナントアーキテクチャ**　7-1節「マルチテナント」を参照。
＊**プラガブルデータベース**　7-1節「マルチテナント」を参照。
＊**DICTIONARYビュー〜検索する**　DICTIONARYビュー、もしくはパブリックシノニムであるDICTを検索する。

6-3

実行計画

SQLは、データをどのように検索したり更新したりするかという指定に特化しており、テーブルに対してどのようにアクセスするかについては基本的に記述しません。そして、テーブルに対してどのようにアクセスするかについては、データベースが作成した実行計画に従って実際のアクセスが行われます。

▶▶ 実行計画とは

名前の通り、SQLを実行する計画です。SQLを実行する際には、オプティマイザというコンポーネントが下記の [1] ～ [4] を行います。

[1] 解析済みのSQLをチェックする

解析済みのSQLが存在するかどうかをチェックし、存在しない場合は [2] [3] [4] [5] と処理を継続し、存在する場合はいきなり [5] を行います。前者を**ハードパース (hard parse)**、後者を**ソフトパース (soft parse)** と言います。

[2] SQLの構文解析を行う

オプティマイザ内の問い合わせトランスフォーマ（query transformer）というコンポーネントがSQLの構文が正しいかどうかと、そのSQLを実行する権限があるかどうかなどを実施します。

[3] コストを見積もる

オプティマイザ内のエスティメータ（estimator）というコンポーネントがいろいろなパターン*を想定したコスト*を計算します。

[4] 実行計画を作成する

オプティマイザ内のプランジェネレータ（plan generator）というコンポーネントが [3] で見積もられたコストの中から最も低いものを選択して、それに沿っ

＊**いろいろなパターン**　使用する索引、結合方法など。
＊**コスト**　後述の統計情報やCPU性能情報などから導かれた処理の重さの単位。

第6章 その他基礎知識

た実行計画を作成します。

[5] SQLを実行する

エグゼキュータ（executer）というデータベース内のコンポーネントが実行計画に従ってSQLを実行します。

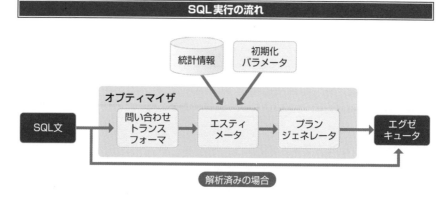

実行計画は、主に下記のようなことを取り決めます。

①表のスキャン手段（索引の利用有無、特殊なスキャンの実施など）
②表の結合方法とその順番
③その他（スキャン対象パーティションの絞り込み、パラレル処理の制御など）

　実行計画は、後述の統計情報を入力として使用して作成されます。統計情報の取得に甘さがある場合や、SQL文が複雑すぎて結果的に統計情報の内容だけでは適切な実行計画が立てられなかった場合などに、最適ではない実行計画が生成される可能性があります。

　基本的には同じSQLは、同じ実行計画を再利用しますが、最近のOracle Databaseでは実行パフォーマンスがよくない場合により、よい実行計画に補正する機能も備わっています。

　稀にその結果、逆に遅くなるケースもあるため、これらの機能を止めている開

発現場も多いのが実情です。

　一方、Autonomous Databaseでは実行計画を変更する前に内部的にパフォーマンスチェックを行うなどしてこのような問題を防いでいます。

統計情報とは

　最適な実行計画を作成する一番の方法は、いったんテーブルの内容をすべて読み込んでデータの傾向をその場で解析することです。しかし、件数の多いテーブルでそのようなことをしていては、たとえ最良の実行計画が作成できたとしても、そこまでに要する時間が長すぎて意味がない結果になってしまいます。

　そこでパースのための情報の取得と、パースに要する時間の短縮を目的として有用な表や索引の物理的な情報を事前に取得しておき、それを実行計画作成のために使用します。その情報のことを、**統計情報**と言います。

　統計情報は、表や索引に関するデータディクショナリ内に格納されており、ディクショナリにアクセスすることで取得された統計情報の内容を確認することが可能です。

　現在のOracle Databaseでは統計情報は自動的に取得しますが、その頻度や取得する対象や精度を調整することも可能です。このあたりを徹底的に制御したい場合は、統計情報の取得処理をOracle任せにせず、すべて自前で制御するケースもあります。統計情報を自前で取得する場合はDBMS_STATSという、統計情報取得のためのPL/SQLのパッケージを使用します。

6-4

アラートログ、トレースファイル

Oracle Databaseも当然いろいろなログを出力します。REDOログファイルなどは、すでに紹介していますが、ほかにも重要な記録系のファイルとして、アラートログとトレースファイルが存在します。

▶▶ アラートログ

アラートログは、インスタンスの稼働を記録するテキストのログファイルです。特段のフォーマットがなく、自由なテキストメッセージでログが記録されるログファイルと、XMl 形式で記録されるログファイルの両方が生成されます。

前者は Windows では〈SID〉alert.log、Windows 以外では alert〈SID〉.log、後者は log.xml というファイル名です。

アラートログには、インスタンスの起動や停止や重要なエラーの発生などの情報が記録されます。特に何らかのインスタンスの障害が発生した場合は、真っ先に確認する重要なファイルをなります。特段の障害がなくても時々確認して、何らかの問題がないかを確認することをお勧めします。

▶▶ トレースファイル

トレースファイルは、バックグラウンドトレースファイルとユーザートレースファイルに大別されます。

●バックグラウンドトレースファイル

バックグラウンドトレースファイルは、バックグラウンドプロセスでエラーが発生した都度、生成されます。基本的に利用者が見るものではなく、製品サポートから要求された場合に取得して送付するものとなります。

ファイル名は、「〈SID〉_〈プロセス名〉_〈プロセスID〉.log」というフォーマットで生成されます。

インスタンスの稼働に影響がないエラーの場合でも生成されることがあり、そ

のような場合は、大量に生成される場合がありますので、定期的に削除することを
お勧めします。

●ユーザートレースファイル

ユーザートレースファイルは、SQLトレースとも呼ばれ、利用者が必要時に指
定したセッション内で発行したSQLの詳細な動き*を出力するために取得するも
のとなります。

主にSQLのパフォーマンス確認やセッション内で発行されたSQLの把握に使
用されますが、今はASHというもっと便利なツールがあるため、SQLトレースは
ASHが使えない環境（主にStandard Edition）で使用するものになっています。

▶▶ ログの出力先

本節で解説したログファイルは、DIAGNOSTIC_DESTという初期化パラメー
タに設定されているディレクトリに出力されます。デフォルト値は、環境変数
ORACLE_BASEが設定されている場合はORACLE_BASEの値、設定されてい
ない場合は$ORACLE_HOME/rdbms/logです。

このディレクトリの下で、ログのカテゴリ別にアラートログをはじめとしたログ
ファイルやトレースファイルが出力されます。

COLUMN ラリー・エリソンと1977年（1）

"The risk of not taking up the risk of new technology challenges is even
greater" "in this world, not doing anything is the greatest risk of them all"
（新しい技術への挑戦というリスクを取らない方がリスクは大きい。この世界では、何もし
ないことが一番大きなリスクになる。～ラリー・エリソン）

米オラクル社のCEO、ラリー・エリソン（Lawrence Joseph Ellison）は、1944年8
月17日に生まれ、ユダヤ人ゲットーで養父母に育てられました。彼は、大学を二度中退し
た後、ビジネスの世界に進みましたが、二度目の大学（シカゴ大学）でプログラミングを
習ったのがコンピュータの世界に進む契機となったようです。
（P.133に続く）

＊**SQLの詳細な動き**　実行計画や稼働統計など。

6-5

ユーティリティ

本節では「Oracle Database ユーティリティ」というマニュアルに記載がある、Oracle Databaseに付属するコマンドラインベースのユーティリティを紹介します。

▶▶ SQL*Loader

SQL*Loaderは、CSVやXML、JSONといった一定の形式のデータファイルの内容をテーブルに登録するツールです。フォーマットを細かく指定でき、バイナリ形式のファイルの読み込みも可能です。「sqlldr*」というコマンド名です。

逆のアンロード*を行うSQL*Loaderのような専用ツールは存在せず、アンロードはDBアクセスツール内の機能を利用して行います。

▶▶ Data Pump

Data Pumpは、Oracle Database 10gから利用可能なエクスポート*とインポート*のツールの総称です。

エクスポートはdpexp、インポートはdpimpというコマンド名*です。SQL*Loaderはテーブル内のデータが対象ですが、Data Pumpはデータベースオブジェクトすべてが対象となります。もちろん一部のデータベースオブジェクトのみを対象とすることもできます。

▶▶ エクスポートユーティリティ、インポートユーティリティ

エクスポートユーティリティとインポートユーティリティは、Oracle9i以前から存在するData Pump相当のユーティリティですが、Data Pumpより低機能です。

Oracle Database 23cでは、これらのユーティリティは使用できず、Oracle9i以前のエクスポートのダンプファイルをインポートする目的でのインポートユーティリティの使用のみが認められています。

---

* **sqlldr** Windowsの場合は、sqlldr.exe。
* **アンロード** テーブルの内容をファイルに落とすこと。
* **エクスポート** データベースの内容を中間形式のバイナリファイル(ダンプファイル)に落とすこと。
* **インポート** ダンプファイルの内容をデータベースに落とすこと。
* **エクスポート〜コマンド名** Windowsの場合、エクスポートはdpexp.exe、インポートはdpimp.exe。

外部表

　本機能は、コマンドラインのユーティリティではなく、データベースオブジェクトの一種なのですが、項扉のマニュアルに解説があるので本節で紹介します。

　外部表は、CSVやXML、JSONといった一定の形式のデータファイルの内容をロードするのではなく、直接読み取り専用の表として読み込むことができる機能です。いちいち表にロードしなくてもよいという点が最大の利点となります。

　一方、データの実体がデータベースの外にあるので、索引が付けられないなどの制約があります。

COLUMN　ラリー・エリソンと1977年（2）

（P.131からの続き）

　就職していくつか転職した中で日本にも何度か出張し、その際の京都旅行で日本という異文化に非常に惹かれたらしく、自宅の1つには、壮大な日本庭園つきのものがあるという話です。

　また、ビル・ゲイツ（William Henry "Bill" Gates III）や、スティーブ・ジョブス（Steven Paul "Steve" Jobs）は、1955年生まれですから、ラリーは年代的に彼らの一回り近く上になります。

　コンピュータの立志伝中の「偉人」である3人が、それぞれの歴史的な転換点を迎えたのは、同じ1977年です。その頃がコンピュータ技術の変革期だったともいえるでしょう。1977年に、ビル・ゲイツはBASICにすべてを賭ける決意をし、スティーブ・ジョブスはアップルを法人化しました。

　そしてラリーは、後にオラクル社となるソフトウェア開発研究所（Software Development Laboratories：SDL）を設立しました。コッド博士の論文に興味を持っていた彼は、タイミング良くCIAというスポンサーを得て、学問の世界にあったリレーショナル・データベースを製品化して、ビジネスにすることに成功したのです。

　なお、3人がお互いを知るのも、ましてやスティーブ・ジョブスがビル・ゲイツを毛嫌いするのももっと先、コンピュータの世界でオープン化が進行する頃の話です（それにしても、スティーブ・ジョブスがあんなに若死にするなど、当時の誰が想像したでしょうか……）。

第6章　その他基礎知識

6-6

その他のツール

今まで紹介してきたユーティリティやOEM以外にも存在を知っておくべき標準的なツールがいくつか存在します。本節では、それらのツールについて紹介します。なお、紹介しているすべてのツールが無償*です。

▶▶ SQL*Plus

SQL*Plusは、Oracle Databaseに対する操作を行うためのコマンドラインのツールです。主に下記のような機能を提供しています。

① DML/DDL/DCL の発行
② SQL スクリプト*の実行
③ インスタンスの起動・停止
④ データベースのリカバリ
⑤ 簡易的なコマンドラインの編集と出力の整形
⑥ 操作内容のファイルへの出力
⑦ SELECT 文の結果をファイル保存（HTML ないし CSV）

▶▶ SQL Developer

SQL Developerは、Oracle Databaseに対する操作を行うためのJavaで作成されたGUIのツールです。OEMとは異なり、クライアント側にインストールして使用します。

例えば、検索結果が自動で整形される、PL/SQLの開発機能がある、ER図作成ツール（**SQL Developer Data Modeler**）が提供されているなど、SQL*Plusより多くの機能を有しています。

---

* **無償**　正確には、Oracle Databaseのライセンス内で利用可能。
* **SQLスクリプト**　一連のSQL文とSQL*Plusコマンドで書かれた処理をまとめたテキストファイル。標準の拡張子は .sql。

SQL Developerの画面例

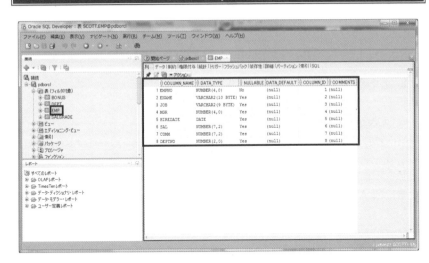

SQLcl

SQLclは、SQL Developerに同梱されているSQL*Plusライクなコマンドラインのツールです。SQLcl単体でダウンロード、インストールすることも可能です。

SQL*Plusと比較して、コマンドヒストリやコマンド補完など、より開発者向けの機能が追加されています。

COLUMN トランザクションとACID特性 (1)

トランザクションが満たさなくてはならない4つの特性を、それぞれの頭文字を取ってACID特性といいます。

●ATOMICITY(原子性)

原子とは、それ以上分割できない最小の単位です。トランザクションは、それ以上分割のできない関連性のある処理のセットである必要があります。

例えば、両方が失敗するか、両方が成功するかしかないような処理1と処理2があったとき、このトランザクションの有効性は「All or Nothing」であり、「原子性」を満たしていると言えます。この場合、処理1あるいは処理2だけが正しく実行されても、両方の処理結果が無効となるわけです。

トランザクションとACID特性（2）

●CONSISTENCY（一貫性）

トランザクション処理の前後で、データは一貫性を保っていなくてはなりません。これは、データの不整合や矛盾が生じてはいけないということです。

●ISOLATION（隔離性）

ISOLATEDというのは、「隔離された」あるいは「独立した」という意味の単語です。トランザクションは「原子性」を満たしているはずですから、これ以上分割できない最小単位です。

ですから複数のトランザクションがある場合、これらは互いに干渉し合わず独立事象として進行しなければなりません。

もし、同一のデータをトランザクション1とトランザクション2が同時に更新しようとする場合は、「早い者勝ち」です。つまり、先に始めた方の処理が終了（コミットされるにせよ、ロールバックされるにせよ）するまで他方の更新は行えません。

このほかのトランザクション中の競合する更新作業を含む命令を待たせる機能のことをロックといいます。その名の通り、対象データに「鍵」をかけておくわけです。この鍵は、前の更新作業が完了した時点で外されます。

●DURABILITY（持続性）

トランザクション開始から終了までの間、実際のデータは一切変更が加えられない、ということです。

トランザクションの終了コマンドの1つであるCOMMITが発行されてはじめて、実データの変更が行われます。

同じく終了コマンドの1つであるROLLBACKが発行されれば、データはまったくトランザクション開始前と変わりません。

ここまで説明したATOMICITY（原子性）、CONSISTENCY（一貫性）、ISOLATION（隔離性）、DURABILITY（持続性）という4つの特性のおかげで、データベースへのアクセスがかち合った場合や、障害が発生したような場合の制御が可能になるのです。

第Ⅲ部　Oracle Databaseの主要機能

マルチテナント

マルチテナントというマルチデータベース機能は Oracle Database 12c から存在していましたが、実際にはあまり使用されていませんでした。しかし、23c の1つ前の21c からはマルチテナントを構成する CDB 構成が必須となり、マルチテナントに関する理解が必須となりました。マルチテナントは、Oracle Database をただのデータの格納箱として使いたい場合には、ただ面倒なだけなのですが、使いこなすと非常に有用な機能です。

7-1

マルチテナント

本節では、マルチテナントを知る上で理解する必要のあるNon-CDB構成とCDB構成の違いを説明し、それからマルチテナントを解説します。23cでは、CDB構成のみとなり、特に古いバージョンの知識しかない方には青天の霹靂レベルの変更となりますので、よく理解してください。

▶▶ Non-CDB構成とCDB構成

マルチテナントの礎となるのが、**コンテナデータベース（Container Database：CDB）** 構成です。

マルチテナントの機能はOracle Database 12cから提供されていますが、12cから19cまでは従来の**Non-CDB構成**とCDB構成のどちらも利用可能でした。

しかし、21c以降はCDB構成のみのサポートとなり、従来型のNon-CDB構成のデータベースは作成できなくなっています。ご注意ください。

Non-CDB構成は、「CDB構成ではない構成」であることは名称で理解できると思いますが、ではCDB構成とはどういった構成でしょうか。

●CDB構成

CDB構成は、従来データベースと呼んでいたものがCDBに置き換わります。そして、CDBに業務データを置くことはできず、**プラガブルデータベース（Pluggable Database：PDB）** という業務データ専用データベースをCDBの配下に置く形になります。つまり、CDB構成では、最低でもOracle DatabaseはCDBとPDBの2個のデータベースが配置されます。後述しますが、PDBは複数持つことが可能です。

バージョンごとのNon-CDB構成とCDB構成の可否			
	11g以前	12c〜19c	21c以降
Non-CDB構成	○	○	×
CDB構成	×	○	○

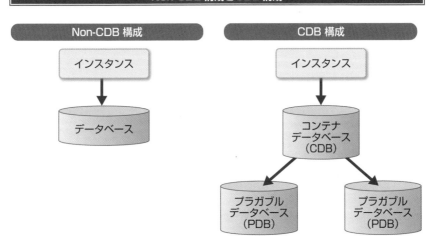

Non-CDB構成とCDB構成

▶▶ シングルテナントとマルチテナント

　CDB構成には、**シングルテナント**と**マルチテナント**の2種類の構成があります。単にPDBが1つのみの構成をシングルテナント、複数のPDBが存在する構成をマルチテナントと呼びます。

　Enterprise Editionに存在する「マルチテナント」というオプションライセンスは、PDBを4個以上作成する場合に必要になります。PDB数3個までであれば、追加費用は不要です。また、Standard Editionでも3個までであればPDBを複数保持することが可能です。

　環境によるPDB数の上限は、下記の通りです。本書執筆時（2024年3月）では、23cはクラウドサービスでしか提供されていませんが、21cまでの情報をベースに記載しています。

　なお、クラウドサービスに関しては、21cも23cも同様です。

環境によるPDB数の上限	
エディション	PDB数上限
Autonomous Database（筐体共用型）	1
Standard Edition（ライセンス / クラウドとも）	3
Enterprise Edition （マルチテナントオプションなし、ライセンス / クラウドとも）	3
Enterprise Edition （マルチテナントオプションあり、オンプレミス非 Exadata）	252
上記以外の環境	4,096

▶▶ マルチテナントの詳細物理構成

　CDBは、データディクショナリ上では「CDB$ROOT」という名前になっています。CDBは、PDBを管理するためのデータベースです。SYSユーザーなどを使用して無理矢理データベースオブジェクトをCDBに作成することも可能ですが、そのような使い方は推奨されていません。業務データは、PDBに配置します。

　CDBもPDBもデータベースなので、各データベースの論理構造、物理構造は基本的にNon-CDB環境と同じです。特にCDBはまったく同じ構造です。

　なお、PDBも基本は同じですが、Non-CDB環境と比較すると、下記の差異があります。

●REDOログファイルを持たない

　すべてのPDBがCDBのREDOログを共用します。PDB単位に持つことはできません。

●UNDO表領域を持たない

　すべてのPDBがCDBのUNDO表領域を共用します。REDOログと違ってPDB単位に持つことは可能ですが、後述するPDBのクローニングの柔軟性が下がるため基本的にはUNDO表領域、CDBのUNDO表領域を共用することが推奨されています。

●PDBシード

CDB構成には、**PDBシード**と呼ばれる空のPDBも存在します。PDB シード
はデータディクショナリ上では「PDB$SEED」という名前になっています。

PDBシードは、空のPDBを新規作成する場合のテンプレート元として利用さ
れるPDBのため、業務データの格納はできません。

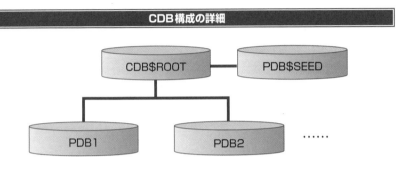

CDB構成の詳細

第7章　マルチテナント

 SQLを無償で勉強する方法（1）

Oracle DatabaseのSQLの勉強をするために、当然ながらOracle Databaseが必要
です。ライセンスに関しては、Express Edition（23cでは「Oracle Database 23c
Free」に改称）という無償で利用できる製品もありますが、インストールするマシンの準
備が面倒なケースもあるかと思います。

そのような方向けに、Oracle Live SQLという、Oracle DatabaseのSQLをブラウザ
から実行できるサイトが用意されています。

画面も説明も英語ですが、日本語のオブジェクト名やデータの入力、表示は可能です。
おなじみのSCOTTユーザーのEMP表など、サンプルのテーブルも用意されていますが、
自分でテーブルを作成し、ある程度データを投入することも可能です。

なお、サンプル表は、テーブル名に「SCOTT.EMP」と、ユーザー名をつけて指定する
と利用できます。

（P.146に続く）

7-2

PDBのクローニング

1つのインスタンスに対して複数のデータベースを持てるRDBMSは珍しくありませんが、Oracle DatabaseではさらにPDBの複製（クローニング）が可能です。本節では、多様なクローニングが可能なPDBのクローニングを解説します。

▶▶ PLUG/UNPLUG（SQLコマンド）

PDBが「Pluggable Database」の略称であることは説明済みですが、PDBの「Pluggable」という名称の由来が、このPLUG/UNPLUGというSQLコマンドです。

オラクル社の説明資料だと「USBの抜き差し」で例えられています。まず、**UNPLUG**コマンドの対象のPDBがCDBから切り離されます。このとき、切り離されたPDBについて、下記のファイルを別のCDBの配下に移動します。

①切り離された PDB を構成するデータファイル
②UNPLUG の際に生成された〈PDB 名〉.xml という移動対象を移動先に認識させるためのファイル

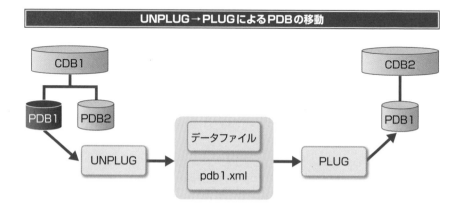

UNPLUG→PLUGによるPDBの移動

後は**PLUG**コマンドで移動先のCDBを指定すれば、PDBの所属CDBを変更できます。これにより、PDBの引っ越しが簡単になります。

ただし、これは12cのマルチテナントが初めて実装されたときの移動方法であり、現在は後述するもっと便利なコマンドが用意されています。

▶▶ PDBクローン

UNPLUG→PLUGによるPDBの移動は、次の3動作が必要です。

①UNPLUG
②ファイル移動
③PLUG

UNPLUG操作のためには、対象のPDBはクローズしている必要があります。

現在は、同一CDB内でもCDB間であっても1つの SQLコマンドでPDBのクローン（コピー）が可能です。この際に、クローン元のPDBはクローズしていてもオープンしていても構いません。クローズしている場合は**PDBコールドクローン**、オープンしている場合は**PDBホットクローン**と呼びます。

ホットクローンの場合は、クローン開始時の内容でクローンされ、クローン開始後の変更は反映されません。

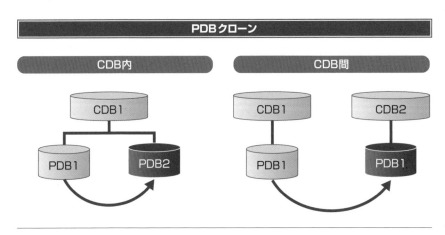

（補足：ページ右側縦書き）第7章 マルチテナント

▶▶ PDBリフレッシュ可能クローン

　ホットクローンに加えて、ホットクローン開始後の変更内容を指定間隔ごとに差分更新を続けます。つまり、2つのPDB間の同期を行います。同期元および同期先のPDBの所属CDBは同じでも別々でも構いません。

　リフレッシュ可能クローン実施中は、クローン先PDBへの書き込みはできず、書き込むためにはクローンを停止する必要があります。いったん停止すると、再同期はPDBの作り直しを伴います。

▶▶ PDB再配置

　PDBのクローン完了後にクローン元PDBへの接続をクローン先PDBに変更します。つまり、「接続先の移行」まで行います。

　この機能を使用することで、移動対象PDBの別CDBへの移動を、業務稼働中のまま業務を中断させることなく実施することが可能になります。

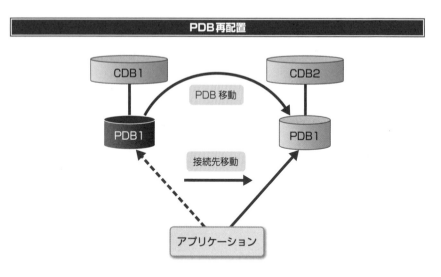

7-3

PDB単位の操作

マルチテナントを利用している場合、当然ながらPDBは複数個存在します。このPDB同士の独立性がどの程度あるのかについて解説します。

▶▶ PDB単位の個別操作に関する仕様

SQLアプリケーション開発者にとって、PDBになったからといってコーディングで気を付けなければならないことは何もありません。Non-CDB環境で動いていたSQLも、CDB環境移行に伴う修正は発生しません。ただし、接続先は変更になるので、接続先情報をソースコード内に直接コーディングしているような場合はその修正が必要です。

●仕様①：オープンとクローズ

インスタンスを起動してオープンされるのはCDBのみです。PDBは別途個別にオープンする必要があります。逆に言えば、PDB単位でオープン/クローズの制御が可能です。23cからは、CDBオープン後にオープンするPDBの順番の制御が可能になっています。

●仕様②：接続

PDBへの接続は、PDBに対して作成された暗黙的に作成されたサービスを使用可能です。もちろんサービスを別途作成することも可能です。

●仕様③：キャラクタセット

PDBのキャラクタセット（文字コード）は、CDBと同じものになります。ただし、別環境からPLUG（前項で解説）したPDBに関してはCDBと異なるキャラクタセットでも問題ありません。

●仕様④：PDB単位の操作

　PDB単位のバックアップやリストア、Data Guardが可能です。23cでは同一CDB内であるPDBはData Guardのプライマリ、別のPDBはData Guardのスタンバイ、といった構成も可能です。

●仕様⑤：管理ユーザー

　SYSユーザーは、CDBとすべてのPDBの管理者になります。PDB単位の管理者は、PDB作成時に指定したユーザーとなり、PDB内のDB管理作業はPDB単位の管理者を使用するのが通常です。

COLUMN　SQLを無償で勉強する方法（2）

（P.141からの続き）
　SQLを試す以外にも、スクリプトを作成・実行する機能も用意されています。また、ほかのユーザーが登録したスクリプトを参照することも可能で、他人のSQLスクリプトを元に学習することも可能になっています。Live SQLを使用すると、環境構築が面倒な営業の方でも、基礎的なSQLの学習を簡単に行える環境が簡単に手に入ります。

▼Oracle Live SQL
```
https://livesql.oracle.com/
```

7-4

アプリケーションコンテナ

マルチテナントのような複数PDB環境となると、各PDBの間で共有したい表や
ストアドプログラムが出てくるケースもあるかと思います。そのようなニーズに応
えることができるのが、本節で解説するアプリケーションコンテナです。

▶▶ アプリケーションコンテナとは

アプリケーションコンテナは、CDB配下に配置する複数のPDBの集合です。

通常、PDBはCDBに直接ぶら下がり、またPDB同士の階層構造は取ることが
できません。しかし、アプリケーションコンテナは、**アプリケーションルート**と呼
ばれるPDBをCDBの下に作成し、アプリケーションルートの直下に複数のPDB
を配置することが可能になります。

アプリケーションルートの配下のPDBのことを**アプリケーションPDB**と言いま
す。

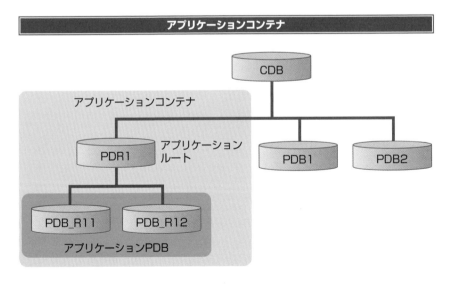

アプリケーションコンテナ

第7章

マルチテナント

▶▶ 表とストアドプログラムの共用

アプリケーションコンテナを使用すると、アプリケーションPDBはアプリケーションルート内に作成した表やストアドプログラムが共用できるようになります。その際、アプリケーションPDBからルートに対して**データリンク**という参照許可のためのデータベースオブジェクトを作成する必要があります。

表の場合は、表定義だけ共有して、表の内容はアプリケーションPDBごとに異なる構成にしたり、同一表内に共有データとアプリケーションPDB固有データを混在させたりすることも可能です。

▶▶ アプリケーションシード

アプリケーションコンテナ内には、そのアプリケーションコンテナ専用のPDBシードを持つことが可能です。これを**アプリケーションシード**と言います。

アプリケーションシードが存在しない場合の空のアプリケーションPDBの新規作成は、**PDBシード**を作成元にします。

第Ⅲ部　Oracle Databaseの主要機能
パフォーマンス関連機能

Oracle Database には、パーティショニングやパラレル処理など、非常に数多くのパフォーマンスを向上させるための機能が備わっています。すべてを紹介することは難しいのですが、本章ではその代表的な機能を紹介していきます。

8-1

パラレル処理

　基本的に、1本のSQLは1つのプロセスで処理されます。表をスキャンする際、多くのプロセスを同時に使用し、表の範囲を分けて同時に処理すれば、当然ながらその分だけ高速化します。これを複雑な指定をせずに簡単に行えるようにできるのが、本節で紹介するパラレル処理です。

▶▶ パラレル処理

　パラレル処理は、複数のプロセスを使用して処理を分割・並列で行うことで処理速度を速める機能です。逆に通常の1プロセスで処理する方式をシリアル処理と呼びます。

　パラレル処理の並列度は、自動調整にすることも数を指定することも可能です。パラレル処理を行うと、基本的に下の図のように分割された処理を行う**スレーブプロセス**と、スレーブ処理を束ねる**コーディネータープロセス**が起動します。その結果、並列度プラス1の数のプロセスが起動します。

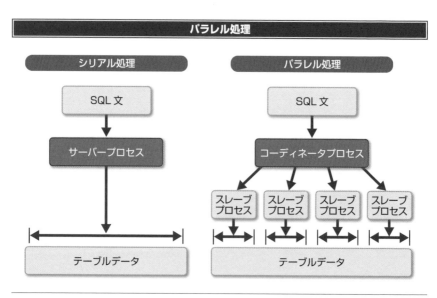

パラレル処理

| シリアル処理 | パラレル処理 |

SQL文 → サーバープロセス → テーブルデータ

SQL文 → コーディネータプロセス → スレーブプロセス ×4 → テーブルデータ

また、RAC環境の場合、処理するプロセスをノード間に分散させ、より高い並列度で処理することが可能です。

▶▶ パラレル処理が可能な処理

パラレル処理が可能な処理は、SQLに限らず多く存在します。そのうちの一部を列挙します。

●DML

Oracle Databaseでは、SELECT文とSELECT文以外で機能の名称を分けています。SELECT文を**パラレルクエリー**、INSERT文/UPDATE文/DELETE文を**パラレルDML**と呼びます。パラレルDMLは、テーブルがパーティショニングされていることが前提になります。

- ●索引のスキャン
- ●SQL*Loaderのロード
- ●Data Pump（インポート、エクスポートとも）
- ●RMANを使用したバックアップとリカバリ
- ●CREATE TABLE AS SELECTなど一部のDDL

8-2
パーティション

パーティションは、Oracle8の頃から存在する、大規模データを扱うための機能です。パーティション機能を利用するためには、Oracle Partitionのオプションが必要です。

▶▶ パーティションの概要

パーティションとは、表（テーブル）や索引（インデックス）を内部的に分割し、複数の表や索引として管理する機能です。分割された1つ1つの内部表と内部索引をパ　ティションと呼びます。

パーティションは、**サブパーティション**と呼ばれる領域にさらにパーティショニングすることも可能です。つまり、Oracle Databaseは2段階のパーティショニングが可能です。1テーブル/インデックスにつき、最大で1024K-1個のパーティション（サブパーティションを含む）の作成が可能です。

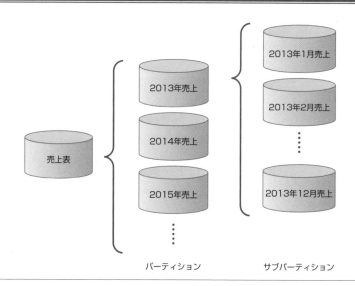

パーティション機能の仕組み

2013年売上
2014年売上
2015年売上

売上表

2013年1月売上
2013年2月売上
2013年12月売上

パーティション　　　サブパーティション

　パーティションを利用した表や索引を作成することで、下記のようなメリットが
得られます。

●パフォーマンスの向上

　パーティションを指定した検索や更新を行うことで、処理対象とする範囲を表
全体ではなく、パーティションに限定できるため、処理スピードが向上します。

　また、特定のパーティションのみ圧縮することで、さらに検索スピードを向上さ
せたり、パラレル処理*と組み合わせることで高速に処理を行えます。

●管理性の向上

　いくつかの表や索引のパラメータ（例えば容量や圧縮の有無など）は、パー
ティション単位に異なる値を設定できるため、例えば更新対象のデータが存在し
なくなったパーティションを圧縮してサイズを減らし、検索性能を上げるといった
柔軟な管理ができます。Oracle Database 12cの新機能、**Automatic Data
Optimization**機能と組み合わせて、最終更新後から時間が経過したデータを自動
で圧縮することも可能です。

　また、パーティションの追加や削除、パーティション単位のTRUNCATE（全デー
タの削除）が可能です。例えば、月単位でパーティションを作成した後、3ヵ月分
のパーティションテーブルを作成して、月次で最新月のパーティションを追加し、
最古月のパーティションを削除するといった処理も可能です*。

　Oracle Database 12cから、10個のパーティションで構成される表の2個目
のテーブルのみインデックスを作成するといった**部分索引**も可能になりました。

●可用性の向上

　パーティション単位で表領域を変えられるため、あるパーティションを格納して
いるファイルやディスク領域が壊れた場合、壊れていない別のディスク領域にほ
かのパーティションが存在していれば、それらのパーティションに対して処理を行
うことができます。このような設計を行うことで、障害時の影響範囲を極小化する
ことが可能です。

<aside>第8章　パフォーマンス関連機能</aside>

＊**パラレル処理**　8-1節「パラレル処理」を参照。
＊**最新月〜可能です**　このような処理のことを「ローリングウィンドウ処理」と呼ぶ場合がある。

また、パーティション単位に処理を行うことで、あるパーティションをロックしてUPDATE（データの更新）を行い、同時に別のパーティションにImportを行う、といった柔軟な処理が可能になります。

基本的なパーティショニング手法

パーティショニングを行う場合、パーティショニングの基準となるキーの列が必要です。その際、基本的に**レンジ**、**ハッシュ**、**リスト**の3種類のパーティショニング手法が指定できます。

●レンジ

レンジは、数値の1000刻み、1ヵ月単位といった形で、パーティションに格納されるデータを範囲で指定する方法です。

パーティションの範囲はパーティションごとに柔軟に指定が可能で、一番最後のパーティションは、範囲の上限を設けずにUNLIMITEDにすることも可能＊です。

レンジパーティションの仕組み

| 1～100 | 101～500 | 501～865 | 866～上限なし |

●ハッシュ

ハッシュは、キー列をハッシュ関数にかけた結果を用いて、パーティション数に均一に分散させます。ハッシュ関数の特性上、パーティション数は2の会場にすることが推奨されています。

●リスト

リストは、件名やコード値など、各パーティションに格納可能な値を指定する方式です。1つのパーティションに複数の値を指定したり、指定のない値を格納する

＊**UNLIMITED ～可能**　実際のSQL文では一番最後のパーティションの範囲の上限に「MAXVALUE」というキーワードを指定することで上限なしになる。

ためのデフォルトパーティションの作成が可能です。

コンポジットパーティション

　パーティションに対して、サブパーティションと呼ばれる単位に2段階のパーティショニングを行えます。このような構成を**コンポジットパーティション**と呼びます。パーティションとサブパーティションのパーティショニング手法を別々にすることも可能です。

パーティションの応用機能

　パーティションの機能は、ただ表や索引を分割するだけではなく、さらに管理性やパフォーマンスを高めるための機能が付加されています。

●パーティション・プルーニング

　パーティション・プルーニングは、検索条件にパーティション・キーとなる列が指定されている場合、検索条件に合致するパーティションのみ検索することで処理を高速化する機能です。SQL側で意識する必要はなく、Oracle Databaseが自動で読み取り対象パーティションを判定します。

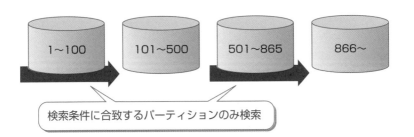

パーティション・プルーニングの仕組み

SQL> SELECT … WHERE PART_KEY IN (50, 610);

1~100　101~500　501~865　866~

検索条件に合致するパーティションのみ検索

第8章　パフォーマンス関連機能

●パーティション・ワイズ・ジョイン

　パーティション・ワイズ・ジョインは、結合対象の2つの表がどちらも結合キーでパーティショニングされている場合、Oracle Databaseにて自動でパーティション単位に内部並列で結合処理を行い、検索性能を向上させます。

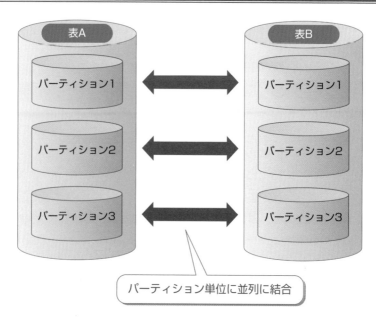

パーティション・ワイズ・ジョインの仕組み

パーティション単位に並列に結合

●インターバル・パーティション

　インターバル・パーティションは、日付の列を対象にレンジ・パーティショニングを行う場合、指定した間隔（10日単位、1月単位など）のパーティションを作成する機能です。

　インターバル・パーティションを利用すると、該当するパーティションが存在しないパーティション・キーの値のレコードが挿入された場合、該当期間のパーティションを自動的に作成するため、管理性が向上します。

●リファレンス・パーティション

リファレンス・パーティションは、参照整合性制約*が付与されている親表と子表で、同じキー列でパーティショニングを行う機能です。この機能を利用すると、子表にパーティション・キーの列が存在しない状態のまま、子表がパーティショニングされます。

　例えば、注文表と注文明細表のような親子関係にある表で使用します。この場合、注文表でパーティション・プルーニングが働くと、注文明細表でもパーティション・プルーニングが働きます。

▶▶ 索引のパーティショニング

　表だけでなく、索引もパーティショニングが可能です。索引のパーティショニングには、先に解説したパーティション手法以外に、ローカル索引、グローバル索引といった概念が存在します。

●ローカル索引

　表とまったく同じパーティション数、パーティション範囲の索引です。索引のパーティション・キーが表のパーティション・キーの前方に包含されるか否かで、さらに**ローカル同一キー索引**と**ローカル非同一キー索引**に分類されます。

●グローバル索引

　表と異なるパーティション数やパーティション範囲の索引です。管理が複雑になるため、あまり利用されませんが、索引のパーティション数を表のパーティション数より増やして、索引の同時I/O性能を高めるなど、細かいチューニングを行う場合に利用されることがあります。

＊**参照整合性制約**　4-9節「制約」を参照。

8-3

データ圧縮

Oracle Databaseでは、主に表のデータを対象に様々なデータ圧縮の機能を提供しています。データ圧縮の機能を使うことで、ディスク領域の消費量の抑制と、データ検索時間の短縮を実現します。

▶▶ 表の圧縮

Enterprise Editionの基本機能として、表のデータの圧縮機能を提供しています。ただし、一度作成するとレコード単位の更新ができません。更新を行いたい場合は、表自体を作り直す必要があります。

▶▶ 索引の圧縮

索引の圧縮機能は、Standard Editionでも利用可能です。ただし、一度作成するとレコード単位の更新ができません。更新を行いたい場合は、表と索引を作り直す必要があります。

▶▶ Advanced Compression Option

Enterprise Editionのオプション機能として提供されている**Advanced Compression Option**を利用すると、下記の圧縮機能が利用できるようになります。

●OLTP表圧縮

標準機能の圧縮と異なり、レコード単位の更新（INSERT/UPDATE/DELETE）が可能になります。また、圧縮処理を非同期に行うことで、更新性能への影響が極小化されています。

●アドバンスド索引圧縮

OLTP表圧縮のように、更新が可能な索引の圧縮機能です。Oracle Database 12c R2で機能が揃いました。圧縮対象列数により、2種類の圧縮モードを提供し

ています。

●LOBデータの圧縮および重複排除

BLOBやCLOBといったLOBデータ*の圧縮が可能となります。また、データが重複している部分をひとまとめにしてさらに圧縮を欠けることが可能です。

●Data GuardのREDOログ転送の圧縮

Oracle Data Guard*を利用している際に、プライマリデータベース*からスタンバイデータベースに転送するREDOログを圧縮することが可能になります。REDOログの圧縮に伴い、Data Guardのデータ同期性能が向上します。

●RMANバックアップの圧縮

Recovery Manager（RMAN）を使用してバックアップを取得する際に、バックアップデータを圧縮することが可能になります。

●Flashback Data Archive

10-3節で解説するFlashback Data Archiveを行えます。Oracle Database 11g販売期間中にTotal Recallという独自オプションから、Advanced Compression内のオプションにライセンスが変更されました。

▶▶ Hybrid Columner Compression（HCC）

Oracle Exadata Database Machineなど、一部のオラクル社製ハードウェアやOracle Cloudの一部のサービスを使用している際に、利用可能な表を対象とした圧縮機能が**Hybrid Columner Compression（HCC）**です。

先に解説した圧縮機能よりも高い（10倍以上と宣伝されることが多い）圧縮性能を提供します。データの更新も可能ですが、更新性能が遅く、該当部分の圧縮が解凍されて圧縮率が低下するデメリットもあるため、基本的には読み取り専用の表に対して使用します。

＊**LOBデータ** 大量のデータを保持するように設計されたデータ型のセット。LOBは「Large OBject」の略。92ページの表を参照。
＊**Oracle Data Guard** 11-3節「Oracle Data Guard」を参照。
＊**プライマリデータベース** 11-3節「Oracle Data Guard」を参照。

第8章 パフォーマンス関連機能

8-4

実行計画管理機能

実行計画は、SQLの初回実行時に暗黙的に作成されますが、Oracle Database
では実行計画の生成内容に干渉する機能も備わっています。また、SQL実行後に
良くない実行計画を補正する機能も提供されています。

▶▶ SQLヒント句

SQLヒント句は、単に「ヒント句」「ヒント」とも言います。下記の例の「/*+
FULL */」の部分のように、SQLのコメント内に「+ 」（プラスとスペース）で始
まるキーワード（=ヒント句）を付与することで、ヒント句で指定した実行計画の
生成を指示することができます。

なお、索引が存在しないのに索引利用を強制するなど、実行計画の生成できな
いようなヒント句、ヒント句のスペルミスなどは無視され、エラーにはなりません[*]。

▼ヒント句の指定例

```
SEELCT /*+ FULL */ * FROM DEPT WHERE DEPTNO = 10;
```

SQLヒント句は100個以上存在し、スキャン方法や結合方法、結合順、特殊な
機能の利用など、非常に多岐な内容を指定可能です。ただし、複雑なSQLになる
ほどヒントで制御すべき事項が増えるため、実行計画の固定手段としては向いて
いません。

基本的にSQLヒント句は、個別のチューニングの手段として使用し、実行計画
自体の固定には、次で説明する**SPM**を使用します。

ただし、SPMで固定したい実行計画を生成するために、一時的にヒント句を使
用して目的の実行計画を生成させることはSPM利用時によくある手段です。

---

[*] **無視～なりません** SQLコメント内なので、単なるコメントとして扱われる。

▶ SQL Plan Management（SPM）

　SQL Plan Management（SPM）は、実行計画を管理する機能です。SPM
に実行計画を登録すると、その実行計画を使用するようになります。ただし、
SPM固定対象に指定していないSQL文の場合や、存在しない索引を使用する実
行計画など、矛盾するものが登録されている場合は、通常通り実行計画を作成し
ます。実行計画が固定されるので、統計情報の変化による実行計画の変化を防ぐ
ことが可能です。

　SPM内の実行計画のエクスポート・インポートの機能もあり、バージョンアッ
プの際に旧バージョンでの実行計画を新環境でも引き継ぐことが可能です。

　基本的にSPMで固定した実行計画は変更されませんが、より良い実行計画が見
つかったら、そちらに切り替え、新しい実行計画に固定し直す機能*もあります。

　古いバージョンだと、アウトラインという類似の機能がありましたが、SPMと
比べてSPMほどは確実な実行計画の固定を行えないため、現在ではSPMの使用
が推奨されています。

第8章　パフォーマンス関連機能

Oracleの管理者パスワードが使えない？（1）

　「SYSTEM/MANAGER」と言えば、Oracle Databaseではお馴染みの文字列です。
「MANAGER」は、ご存知、SYSTEMユーザーのデフォルトのパスワード。

　同様の伝統的な組み合わせは「SCOTT/TIGER」「SYS/CHANGE_ON_INSTALL」で
しょうか。

　ところが、このOracle Databaseの「常識」に異変が起きています。10g以降では、
SYSユーザーもSYSTEMユーザーも、これらの伝統的なパスワードが設定できなくな
りました。試しにデータベース作成時にこれらのパスワードを設定しようとしてみてくだ
さい。拒否されますから……。

　筆者の思うに、オラクル社のこの対処は、世の中のあまりにも多くの現場で、デフォル
トパスワードのままで運用されている現状を憂えたからではないかと考えます。

　筆者もこれまでいくつものユーザー企業を訪問しましたが、「SYSTEM
/MANAGER」でデータベースに接続できてしまうケースがどれだけあったことか……。
（P.167へ続く）

＊**新しい〜機能**　計画の進化（plan evolution）と呼ぶ。

秘密鍵方式と公開鍵方式

　秘密鍵方式と公開鍵方式は、どちらもネットワーク上での暗号化の方式です。

　ネットワーク上でAさんがBさんとデータをやりとりするにあたり、送信側はデータの暗号化して送信し、受信側はそれを復号化して読みとるわけですが、このとき、暗号化と復号化の双方に共通の秘密鍵を使用するのが秘密鍵方式です。

　利点としては暗号化、復号化が速いことがあげられますが、欠点としては秘密鍵が何らかの理由で盗まれたが最後、暗号化の意味をなさなくなってしまうことがあげられます。この方式ではネットワークを介して秘密鍵を相手に渡すことがセキュリティ上の理由で不可能なので、例えばパソコン通信のユーザーIDとパスワードが郵送で送られてくるように、オフラインで鍵を渡す必要があります。

　これに対して、公開鍵方式というのは、暗号化に使う鍵と、復号化に使う鍵を分けてあります。暗号化に使うための鍵は公開鍵を使います。復号化には秘密鍵を使います。前述の秘密鍵方式が、ドアを開けるのも締めるのも1本の鍵で行う方式だとすれば、公開鍵方式は開ける鍵と閉める鍵を別々に設定しているようなものです。閉める鍵（送信側）の方は誰に渡しても、たとえ盗まれても実害がありません。なぜなら開ける鍵（復号用）がなければそのデータを解読することは不可能だからです。

　公開鍵方式では、外部の信頼できる認証機関に、本人証明と公開鍵を登録します。役所で実印を登録すればあとは実印がなくても印鑑登録証明書のみで実印同様の本人確認ができるのと同じような仕組みで、認証機関を通して複数の相手に自分の公開鍵を渡すことができます。

　公開鍵を使って暗号化された送信データは、ペアになった秘密鍵でしか解読することはできないので安全というわけです。

第 **9** 章

セキュリティ関連機能

Oracle Database の機能面での大きな特徴の1つとして、セキュリティ関連の機能が充実している点があります。Oracle Database は、軍用に堪えるセキュリティ機能を有しており、実際に米軍は Oracle Database の大顧客です。本章では、そんな Oracle Database のセキュリティ機能の一端を紹介します。

9-1

認証の強化

Oracle Databaseを利用するためには、当然ながらまずOracle Databaseに
ログインする必要があります。本節では、ログインのための認証の基本と、応用的
な認証方式について解説します。

▶▶ 認証の基本仕様

Oracle Databaseにログインされる際の**認証**は、ユーザーIDとパスワードが
基本ですが、クライアント側にデジタル証明書を用意し、デジタル証明書を使用し
た認証も可能です。

▶▶ ユーザーアカウントの管理

ユーザーを作成しただけでは、Oracle Databaseへのログインはできません。
ログインのためにはCREATE SESSION権限が必要です。また、アカウントはロッ
クすることが可能です。有効期限を設け、有効期限が来たアカウントをロックする
ことも可能です。

▶▶ パスワードの管理

パスワードは、大文字、小文字、数字、一部の記号（#, _, $）の混在が可能で、
最大1,024バイトまで指定可能です*。

ユーザーアカウントと同じく、パスワードにも有効期限を設けることができます。
ただし、パスワードの有効期限が切れた場合、アカウントロックではなく、パスワー
ドの強制変更となります。

また、いきなりパスワード変更を強制するのではなく、パスワード変更の猶予期
間を設ける**パスワードロールオーバー**という機能も利用可能です。

この機能を利用しない場合は、複数のアプリケーションサーバーを立てて可用
性を高めている構成であっても、接続パスワードを一気に変更するために業務を
停止する必要があります。しかし、この機能を利用することで、猶予期限内であれ

＊**パスワード～指定可能です**　このほか、ストアドファンクションで独自のパスワードのルール（文字数の下限上
限、利用しないといけない文字の種別と文字数など）を定義することも可能。

ば、1台ずつ業務を停止せずにパスワードの変更が可能になります。

▶ 外部認証

下記のようなOracle Databaseの外の認証機能を利用することも可能です。**外部認証**を使用する場合でも、Oracle Database側のユーザーアカウントの作成は必要であり、認証のみをOracle Database外部の認証基盤に任せます。

OSのユーザー認証以外の外部認証を使用するためには、**Advanced Security Option（ASO）**というEnterprise Editionのオプションライセンスが必要です。

外部認証に使用できる認証基盤	
認証基盤名	**補足**
OS のユーザー認証	
Microsoft Active Directory	
Oracle Cloud の IAM	Oracle Cloud の IAM と SAML でフェデレーションが可能な認証基盤（Microsoft Entra ID）などでも可
RADIUS	
Kerberos	

社員犬制度

　日本オラクル社では長らく社員犬という、会社公式の犬がいました。過去形なのは、日本オラクル社ではコロナが流行していた時期は完全リモートワークを行っており、その時期に制度を廃止されたためです。こうなると犬の行く末が気になるかもしれませんが、社員犬といってもオフィスで飼っているわけではなく、実際には決まった個体のレンタルペットだったそうです。ですので、社員犬は週1回程度「出社」していました。

　社員犬は代々オールドイングリッシュシープドッグの雌が選ばれています。初代のサンディは短期の在籍だったそうですが、二代目のハイディから本格的に社員犬として活動しており、その後ウェンディ、キャンディと4代続きました。日本オラクルの社員番号は入社順にインクリメントされますが、社員犬は常に0番だったそうです。

　現在では日本オラクルの出社も復活（部署により出社頻度が異なるようです）しているので、社員犬制度も復活してほしいなと筆者は思います。

監査

Oracle Database 23cから、監査の仕様が一新されています。より正確には、非常に古いバージョンから提供されていた監査（従来監査）が廃止され、12cより導入された統合監査（Unified Auditing）のみとなりました。本節では、統合監査を解説いたします。

▶▶ 従来監査から統合監査への流れ

従来監査は、Oracle7から存在する監査方式です。ここにファイングレイン監査やDBA監査といった追加機能がどんどん追加された結果、設定方法や監査証跡出力先が異なる複数の監査方式を管理する必要がありました。

そのため、これらを**統合監査**という新しい監査方式に統合し、追加監査機能も統合監査機能内の一機能として使用できるようになり、監査機能がより簡便に扱えるようになりました。12c以降、従来監査と統合監査のどちらかを選択して使用する形式でしたが、23cからは従来監査は廃止され、統合監査のみが利用可能になっています。

▶▶ 統合監査の基本仕様

統合監査では、UNIFIED_AUDIT_TRAILという表のみに監査証跡が出力されます。また、権限が**AUDIT_ADMINロール**（監査設定用）と**AUDIT_VIEWER ロール**（監査証跡の閲覧用）に分かれており、社内のシステム監査担当者やシステム監査法人などがデータベースの証跡の監査をする場合に担当者にはAUDIT_VIEWERロールのみ付与すれば済むなど、セキュリティ管理もわかりやすくなっています。

監査の対象も拡張されています。監査対象は、従来監査のOracle Database本体のみから、Data Pumpのエクスポート・インポートや、RMANのバックアップ・リカバリまで拡張されました。

監査対象の設定

統合監査では、まず**監査ポリシー**という監査対象操作の集合オブジェクトを作成し、次に監査ポリシーを有効化します。

▼ADMIN_ROLE中のDROP ANY TABLE権限を使用した操作の監査ポリシーの設定例

```
CREATE AUDIT POLICY policy1
   PRIVILEGES DROP ANY TABLE
   ROLES admin_role;
```

▼監査ポリシーの有効化例

```
AUDIT POLICY policy1;
```

第9章 セキュリティ関連機能

Oracleの管理者パスワードが使えない？（2）

（P.161からの続き）

　同様の現象は、Windowsサーバーなどでも見られます。Administratorのユーザー名、パスワードがデフォルト設定のままであるケースです。さすがに最近では減りましたが。

　本書で勉強した方ならおわかりでしょうが、SYSユーザーなどは、特に強大な権限を持っていますから、部外者にパスワードが漏れるようなことがあってはなりません。しかるに現実はかくも惨憺たる状態であったわけで、とうとうオラクル社本体が重い腰を上げた！ ということでしょうか。

　読者の皆さんも、管理者ユーザーの扱いは慎重に慎重を重ねましょう。デフォルトの管理者ユーザーをそのまま使うのではなくて、別途管理者ユーザーを新規作成するなどの運用方法は必須です。

9-3

暗号化

これまで説明してきた各種のデータ保護機構は、主としてOracle Database内での話です。もし、データの入ったノートパソコンやハードディスクが外に持ち出されたり、不正アクセスされた場合を考えると、もう一歩踏み込んで「データそのものの暗号化」についても目を向けるべきでしょう。

▶▶ 暗号化の概要

Oracle Databaseは、Oracle8i以降、データベース内での強力な暗号化の機能を推進してきましたが、それはデータベース管理者（DBA）に暗号鍵の管理を強要するものでした。

ところがEnterprise Editionの有償オプションであるAdvanced Security Option（ASO）に追加された**透過的データ暗号化（Transparent Data Encryption：TDE）**機能を利用すると、透過的に表領域や特定の列を暗号化できます*。

AES-NI対応のCPU*であれば、TDEによる暗号化、復号が非常に高速に行われるため、性能の劣化が最小限（数%程度）に抑えることが可能です。

TDEの実装により、ASOを利用すれば「アプリケーションへの暗号化ロジックの組み込み」が不要になり、データベースに格納するデータは自動的に暗号化されるようになります。

例えば、既存の表、あるいは新規作成する表の列定義の後ろに**encrypt句**を追加すれば、さらに列の暗号化が可能です。これらの機能を利用する際にアプリケーション側でのSQL文や処理ロジックの変更はまったく必要ありません。

▶▶ Oracle Wallet

なお、暗号化を利用するには、**Oracle Wallet**というオブジェクトを利用します。Walletはパスワードで保護され、その中に復号するための共通鍵が含まれます。

格納データだけでなく、Oracle Database同士、あるいはOracle DatabaseとOracle Client間の通信の暗号化も可能です。こちらは、特定のライセンスが不

---

*透過的に〜できます　ASO およびTDEの利用に関する詳細は、技術情報『Oracle Database Advanced Security 管理者ガイド』を参照。

* AES-NI対応のCPU　暗号化を高速化するCPU命令のセット。主にインテル、AMDのCPUがAES-NIに対応している。

要な標準機能です。

その他、ASOで暗号化可能な対象としては、Data Pumpのダンプファイルや、Recovery Manager（RMAN）で取得したバックアップが挙げられます。

▶▶ Oracle Databaseの暗号化機能

Oracle Databaseには標準で、列データを個別に暗号化する関数群が含まれるDBMS_CRYPTというストアドパッケージ（PL/SQL）が提供されていますが、このパッケージは、この機能以外に暗号化機能を持たないStandard Editionくらいでしか使用されていません。

しかし、Oracle DatabaseにはAdvanced Security Option（ASO）という暗号化その他セキュリティを強化するオプションライセンスが存在しています。ただ、暗号化以外の機能についてはほとんど使用されていないように思われます。

ASOには、前述した設定だけでデータを暗号化してくれるTDE機能が付いており、主にこのTDE機能のためにこのオプションが購入されます。

TDEには、列レベルの暗号化と表領域レベルの暗号化があり、後者は無条件にすべてのデータが暗号化できる割に負荷は列レベル暗号化よりも低いために、ほぼ表領域レベルのTDEが使用されています。Oracle Cloud上のOracle Databaseのクラウドサービスは、元々TDEの機能がないBaseDBのStandard Editionまで含めて表領域レベルのTDEが適用されています。

第9章 セキュリティ関連機能

9-4

Database Vault

データベースの特権ユーザーを使用した情報漏洩事故は、定期的に発生しています。セキュリティの高いOracle Databaseと言えども、SYSユーザーのような高度な権限を持っているユーザーを使用すると、情報漏洩を簡単に行うことが可能です。しかし、本節で説明するDatabase VaultというEnterprise Editionのオプションを使用すると、SYSユーザーにさえ権限の制御が可能となり高いセキュリティを保つことが可能です。

▶▶ Database Vaultとは

通常、Oracle Databaseで使用可能な権限は、最初から定められたものとなっており、権限そのものを追加・変更することはできません。しかし、**Database Vault**というEnterprise Editionのオプションを導入すると、よりきめ細かい権限管理が可能になります。

Database Vaultの顕著な使用例は、SYSユーザーから業務用の表のデータの閲覧（情報漏洩）や更新（改ざん）の権限を剥奪して、これらのセキュリティ侵害行為を防止することです。

▶▶ Database Vaultに含まれる機能

Database Vaultには、下記のような機能が提供されています。なお、Database Vaultは有効化しないと使えません。

●データベース管理者とセキュリティ管理者の分離

これは機能というより、Database Vaultを利用するための前提になります。Database Vaultを有効化する際に、Database Vault関連の操作のための専用のセキュリティ管理ユーザーを任意の名称で作成し、そのユーザーによってSYSユーザーからは該当権限を剥奪します。

データベース管理者とセキュリティ管理者という最低2名の管理者が必要にな

りますが、結果としてデータベース管理者にセキュリティ管理をさせないという権限の分掌が実現できます。

●レルムを使用した権限管理

Database Vaultでは、**レルム**という独自の権限管理用オブジェクトが存在します。次の流れで権限管理を行います。

1レルムを作成する
2そのレルムで権限管理したいデータベースオブジェクトをレルムに登録する
3ユーザーに対してレルムを各種操作する権限を付与する

●レルムの利用条件の追加

レルムの設定の際に、IPアドレスやプログラム名などをレルムで許可対象としている権限の利用の条件に含むことが可能です。これにより、レルムが付与されていること以外に、特定の端末の特定のアプリケーションからの該当ユーザーの操作のみを受け付けるといった、より細かい権限管理が可能になります。

第9章 セキュリティ関連機能

 COLUMN ## コストパフォーマンスが高いDatabase Applicance

Oracle Database Applicance（以下ODA）は、Exadataと同様、データベース専用サーバーとして提供されています。

ODAにはExadataのような特殊な機能はありませんが、短いセットアップ時間でRACが立ち上げられるようになっており、提供価格も比較的安価です。CPUはBIOSレベルで2Core単位（RACで利用する場合は2ノードあるので4Core単位）で稼動Core数を絞ることができ、結果としてOracle Databaseのライセンスコストを抑えることが可能です。

ODAは時々キャンペーンで安売りをしているので、日本オラクル社のホームページをこまめにチェックすると、通常より安く購入できるかもしれません。

9-5

ブロックチェーン表

ビットコインやイーサリアムといったブロックチェーンチェーン技術を用いられて作成されたシステムが一定の市民権を得ている状況ですが、Oracle Databaseにはブロックチェーン表という機能があり、SQLでブロックチェーンのシステムを構築することが可能です。これはブロックチェーンの改ざん耐性という特徴に着目して作成された機能なので、この章で解説しておきます。

▶▶ ブロックチェーン表とは

ブロックチェーン表は、基本的に普通のテーブルと同じです。しかし、下記のような違いがあります。

●レコードに前のレコードの内容のハッシュ値を持つ

ハッシュ値*を持つことで、改ざん行為の検出が可能になります。ハッシュ値の格納や検証はデータベースが内部的に行うため、ユーザーがなんらかのハッシュ値関連の操作を行う必要はありません。

●レコードのUPDATE/DELETE不可

所持権限に関わらず、いったんINSERTされたデータの更新ができません。この機能により、ブロックチェーン表は普通のテーブルと比較して改ざんへの耐性を持っています。

●レコードのバージョン管理

ブロックチェーン表は、仕様としてレコードの更新ができません。そのため、要件的にレコードの更新が必要な場合は、表の作成時にバージョン番号の列を追加しておき、バージョン番号を増やして新規レコードを挿入する形で変更とします。

初期のブロックチェーン表では、レコードのバージョン番号を管理する列を追加して自前で管理する必要がありました。しかし23cでは同一レコードのバージョ

---

*ハッシュ値　もとのデータから関数(ハッシュ関数)によって算出された固定の桁数の値のこと。暗号に近い性質を持つことから、さまざまなデータの暗号化や認証に利用される。

ン管理の機能が追加されており、更新が入ったレコードの履歴を簡単に追えたり、最新バージョンのレコードのみを検索したりすることが可能になっています。

　ブロックチェーン表はブロックチェーンベースのシステムをSQLベースで作成するためにも使われますが、むしろ改ざんできない特徴を活かして高度なセキュリティを必要とするデータや、ログのような事実を記録し続ける必要があるデータなどに対して使用されることを想定しています。

　また、**イミュータブル表**という、ブロックチェーン表から改ざん防止機能を省いてレコードのUPDATE/DELETE不可な機能のみに限定した、より動作の軽い表も作成可能です。

COLUMN　NULLって、なんだろう？（1）

　皆さんは、NULL（ヌル）の定義をご存知でしょうか？

　「空のデータでしょう？」という人も多そうです。しかし、単なる空のデータとはちょっと（いや、だいぶ？）違うのがNULLです。NULLとはANSIでは「不定」ということになっています。不定というのは、値が定まらない、ということです。似たような表現に「''」がありますが、こちらは「長さゼロの文字列」であり、不定ではありません。あくまでも「''」という値を表しますから、次のSQL文でも抽出できます。

```
SELECT * FROM table1
WHERE field1 = '';
```

　ところが、Oracle Databaseで列の値がNULLである場合には、このSQL文ではヒットしません。次のSQL文でもだめです。

```
SELECT * FROM table1
WHERE field1 = NULL;
```

　なぜならばNULLは「不定」であり、不定同士を比較しても評価不能だからです。

　もし、抽出したいのであれば、次のようにしなければなりません。

```
SELECT * FROM table1
WHERE field1 IS NULL;
```

（P.181に続く）

Oracle Databaseの保守契約

　Oracle Databaseをはじめとして、大半のオラクル社のソフトウェア製品は、有償保守契約を締結しないとパッチが入手できないため、保守契約は事実上必須となっています。

　Oracle Databaseの保守契約は基本的に、

・販売開始から5年のPremier Support
・販売開始から6〜8年目のExtended Support
・販売開始から9年目以降のSustaining Support

に大別されます。

　Premier Supportは、仕様・障害に関する問い合わせ対応と不具合・技術情報の閲覧、パッチの作成・入手などが主な内容です。

　Extended Supportは、サポート料金に10〜20%の追加チャージを支払うことでPremier Supportを継続させることができます。追加チャージを支払わない場合は、Sustaining Supportに移行します。Sustaining Support期間に移行すると、新規パッチの作成が行われません。ただし既存パッチの入手は可能です。

　Sustaining Supportは、保守契約を終了しない限り、無期限に実施されます。サポートへの問い合わせは、基本的に24時間×365日での対応が可能です。サポート業務は、日本オラクル社と直接契約する以外に、販売代理店が保守サービスを提供しているケースもあります。代理店によっては独自の情報を提供するなどして付加価値を出しているケースもあるようです。

　サポートに問い合わせを行う際には、https://support.oracle.com/にアクセスしてWeb画面にて問い合わせを行います。基本的に製品購入の際の代表者の方が利用できますが、ユーザーの追加も可能です。電子メールや電話による対応も可能です。

第 **10** 章

バックアップとリカバリ

どのようなデータベースであっても、データベースのバックアップとリカバリは非常に大切です。Oracle Database では Recovery Manager という標準のバックアップツールが付属しています。本章では、Recovery Manager の概要と、Recovery Manager でのリカバリ以外のデータを救う手段について解説します。

10-1

バックアップとリカバリの基本

バックアップとリカバリという言葉自体は、読者の皆様もご存じだと思いますが、本節では、Oracle Databaseにおけるバックアップとリカバリの概要について解説します。

▶▶ 基本的なバックアップの方法

Oracle Databaseでは、**Recovery Manager（RMAN）**という標準のバックアップツールが付属しています。基本的にはRMANを使用した**バックアップ**と**リカバリ**が推奨されています。

ちなみにRMANを使用せずに、インスタンスを停止した状態でのOSのコピーコマンドを使用したバックアップやリカバリ、あるいはサードパーティのバックアップツールを使用したバックアップでももちろん問題はありません。特にサードパーティ製のツールはRMANに対応しており、基本コマンドベースのRMANに対しGUIでの操作*が可能です。

▶▶ リストアとリカバリ

リカバリという言葉は、より細かくはリストアと狭義のリカバリに分かれます。**リストア**はバックアップしたファイルをリカバリ先に戻す行為、そして狭義の**リカバリ**はリストアしたファイルを用いてデータベースを復元する行為を指します。また、RMANを使用して取得した個々のバックアップデータの集合のことを**バックアップセット**と言います。

▶▶ オフラインバックアップとオンラインバックアップ

オフラインバックアップは、インスタンスを停止させている状態で取得するバックアップのことを言います。それに対して**オンラインバックアップ**は、データベース稼働中に取得するバックアップのことを言います。

RMANは、両方に対応しています。なお、リカバリはインスタンスが起動して

＊**GUIでの操作** OEM（13-1節「Oracle Enterprise Manager（OEM）」を参照）を使用すればGUIでのRMANの操作が可能。

いる状態[*]で行います。

　オンラインバックアップは、稼働中に取得するため、バックアップ中にもデータが更新される状態で順次内容をコピーするので、取得されたバックアップのファイルの内容は複数の時点のデータが混じったおかしな状態になっています。これをアーカイブログファイルやオンラインREDOログファイルのバックアップを用いて更新の差分を反映させながら、目的の時点の内容にリカバリを行います。

　つまり、オンラインバックアップは、データファイルだけでなく、アーカイブログファイルやオンラインREDOログファイルのバックアップも必要です。

▶▶ 完全リカバリと不完全リカバリ

　バックアップの内容をリカバリする際、もちろんバックアップの内容が正しいという前提がありますが、Oracle Databaseが保証するオンラインバックアップを元にした最新のリカバリポイントは最も直近のコミットまでとなります。仕掛中のトランザクションは捨てる形になります。

　この最も直近のコミットの時点までリカバリすることを**完全リカバリ**と言います。逆に、最も直近のコミットより前の時点にリカバリすることを**不完全リカバリ**と言います。

　オフラインバックアップの場合、リストアの際にバックアップ後の更新をすべて捨てることになるため、常に不完全リカバリになります。オンラインバックアップは、完全リカバリと不完全リカバリの両方が可能です。

第10章　バックアップとリカバリ

＊インスタンス～状態　より正確には、インスタンス起動後にマウントというモードにしてリカバリを実施する。

10-2
Recovery Manager (RMAN)

Oracle Databaseでバックアップとリカバリを行うためのツールであるRMANは、以前は遅いと言われて利用を忌避される傾向にありましたが、現在はRMAN自身の機能強化とハードウェア、特にストレージの性能向上により、OSのコピーコマンドによるバックアップと比べても特段問題のないパフォーマンスで動くようになっています。

▶▶ RMANコマンド

コマンドラインのRMANは「rman」というコマンドで提供されています。SQL*Plusのようにプロンプトが起動し、RMANプロンプト内でバックアップやリカバリのコマンド操作を行います。また、データベースの複製の機能も持っています。

RMANでバックアップやリストアを行う利点は、下記の通りです。

●簡単な操作でバックアップ・リストアが可能

Oracle Databaseのバックアップ対象ファイルは多岐にわたりますし、ASMを使用している場合はファイルシステムを使用していないので、RMANを使用しないバックアップはファイルシステムを使用する場合以上に手間がかかります。

しかし、RMANを使用すると、必要なバックアップやリカバリを1コマンドで行うことが可能です。操作対象もRMANがデータベース構造を理解して行うため、バックアップ取得ミスによるリカバリ不能トラブルの心配がありません。

●高速増分バックアップが可能（後述）
●バックアップ時にファイル破損チェックを行うため、バックアップ破損トラブルを防止できる
●バックアップの圧縮（要Advanced Compression Option）や暗号化（要Advanced Security Option）が可能

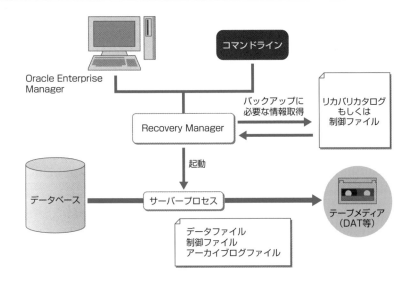

Recovery Manager（バックアップ時）の仕組み

Oracle Enterprise
Manager

コマンドライン

Recovery Manager

バックアップに
必要な情報取得

リカバリカタログ
もしくは
制御ファイル

起動

データベース

サーバープロセス

テープメディア
（DAT等）

データファイル
制御ファイル
アーカイブログファイル

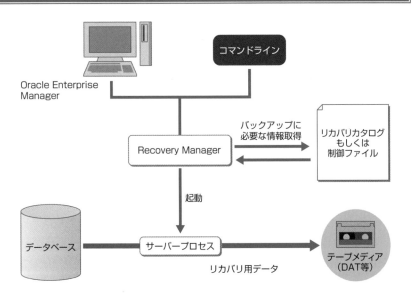

Recovery Manager（リカバリ時）の仕組み

Oracle Enterprise
Manager

コマンドライン

Recovery Manager

バックアップに
必要な情報取得

リカバリカタログ
もしくは
制御ファイル

起動

データベース

サーバープロセス

テープメディア
（DAT等）

リカバリ用データ

第10章

バックアップとリカバリ

▶▶ リカバリカタログ

RMANで実施したバックアップに関する情報は、通常データベースの制御ファイルに格納されます。これを**リカバリカタログ**と呼ばれるRMANの情報を専門に格納するデータベース（実態もOracle Databaseで作成したデータベース）に格納することも可能です。

リカバリカタログを使用することにより、下記の機能が実現可能となります。

①バックアップに関する情報をバックアップ対象のデータベースとは異なる場所で管理するため、制御ファイルが消失するようなトラブルにも対処できる。

②複数のデータベースのバックアップ情報を集中的に管理することが可能になる。

③RMANのバックアップのスクリプトをリカバリカタログ内に格納し、呼び出すことが可能になる。

④制御ファイルに格納可能なバックアップ情報の量は、データベース作成時に決められた量に制限される。しかし、リカバリカタログを使用すると、リカバリカタログのデータベースの容量の限界までバックアップ情報を格納できる。

▶▶ 高速増分バックアップ

RMANでは、前回のバックアップからの差分のみをバックアップする**差分増分バックアップ**と、初回バックアップからの差分をバックアップする**累積増分バックアップ**が可能です。どちらの場合も、全体バックアップなど、増分バックアップの基点となるバックアップのことを**Level 0**のバックアップ、差分バックアップのことを**Level 1**のバックアップと呼びます。

増分バックアップは、リストアに時間を要するため、増分バックアップを前回の全体バックアップに増分バックアップをマージする**増分更新バックアップ**という手法も提供されています。

ただ、これらの差分バックアップは、データファイル全体を読み込んで差分を抽出するため、バックアップ領域の節約にはなっても、バックアップ時間の短縮にはあまり寄与しません。そのため、Oracle Database 10g以降、更新履歴を**ブロックチェンジトラッキングファイル**というファイルに書き出し、これをバックアップ

することで**高速増分バックアップ**＊という短時間でバックアップする機能が利用可
能になっています。

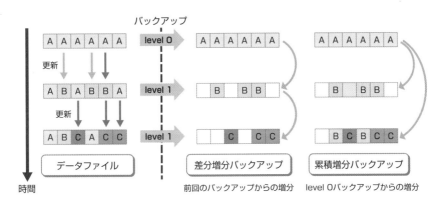

増分バックアップ＊

バックアップ

データファイル　差分増分バックアップ　累積増分バックアップ

時間　　　　　　前回のバックアップからの増分　level 0バックアップからの増分

COLUMN **NULLって、なんだろう？（2）**

（P.173からの続き）
　さて、NULLのデータを検索するときのSQL文は、次のようになります。

```
SELECT * FROM table1 WHERE
field1 IS NULL;
```

　ここまでは他社製データベースと何の違いもありません。ANSI準拠のデータベースで
あれば必ず同じ結果が得られます。ところが、次の場合はどうでしょうか？

```
SELECT * FROM table1
ORDER BY field1;
```

　このソートのキーになるfield1列にはNULLの行が含まれるという前提です。NULLを
含む列を昇順にソートした場合、たいていのデータベースはNULLが先頭になるのです
が、Oracle Databaseでは最後になってしまいます。
（P.217へ続く）

第10章　バックアップとリカバリ

＊**高速増分バックアップ**　ただし、Enterprise Editionのみの機能となる。
＊**増分バックアップ**　「https://blogs.oracle.com/otnjp/post/kusakabe-008」を参考に図を作成。

10-3

フラッシュバック機能

RDBMSでは、基本的にコミットした変更は元に戻せず、内容を再訂正するSQLを発行し直す必要があります。しかし、Oracle Databaseではこれを戻したり、あるいは古い内容を検索したりするフラッシュバック機能が充実しています。

▶▶ フラッシュバック機能の概要

データベースのリストアを伴わずにコミット済みの過去の内容の状態をハンドリング＊する機能全般を指して**フラッシュバック**機能と呼びます。フラッシュバック機能には、下記の機能が存在します。

① Flashback Query
② Flashback Database
③ Flashback Table
④ Flashback Drop
⑤ Flashback Time Travel

▶▶ Flashback Query

フラッシュバックは、特定の時点の情報を持ってきたり、その時点に戻る機能です。**Flashback Query**は、過去のある時点でのデータベース内のデータを問い合わせます。

例えば、今日更新したデータを無視して、昨日の12時の時点のデータ内容を問い合わせるといったことができます。

＊ハンドリング　検索する、もしくは元に戻すこと。

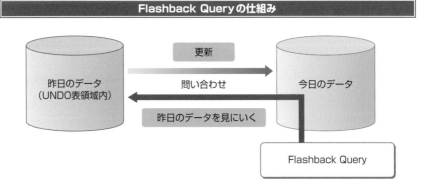

例えば、「EMP表」の1日前の状態を知りたい場合は、次のSQL文を記述します。

▼SQL文の例

```
SELECT * FROM EMP AS OF TIMESTAMP (SYSTIMESTAMP - INTERVAL '1' DAY);
```

意味

現在の時刻より1日前のすべてのデータを「EMP表」から検索しなさい。

通常のSQL文と違うのは、「AS OF TIMESTAMP」の部分です。これにより、過去のある時点での問い合わせを行っていることがわかります。

過去のデータは、UNDO表領域に残っている更新前のデータを元にしているため、過去に遡れる期間は、UNDO表領域に残っているデータとなります。

UNDO表領域に過去のデータが保存される期間は、UNDO表領域の利用状況に応じて自動調整されます。初期化パラメータの「UNDO_RETENTION」を使用して保存期間を指定することも可能です。

Flashback Queryには、指定時点以降のレコード変更履歴を検索する**Flashback Version Query**、過去のデータを復元するSQL文を生成する**Flashback Transaction Query**という機能も存在します。

後述のFlashback Time Travelと組み合わせると、この機能で指定した保存期間内の過去の状態のデータの閲覧が可能になります。

第10章　バックアップとリカバリ

▶▶ Flashback Database

　Flashback Databaseは、これまでの**Point-in-Time**リカバリと同様に、過去
のある時点までデータベース全体を戻す機能です。

　Point-in-Timeリカバリと異なるのは、専用のフラッシュバック領域を用意して、
データブロックの変更イメージを保存するため、データファイルを逐一リストアし
たり、アーカイブログファイルを適用したりする時間が不要で、リカバリの時間を
大幅を短縮できることです。

　ただし、このような仕組みになっているので、当然従来にはなかったフラッシュ
バック領域がディスク上に必要になるため、どこまで過去の状態に戻せるようにす
る必要があるか*によって、かなりのディスク領域が必要になることがありえます。

　また、Flashback Databaseは、ARCHIVELOGモード*で運用していないと
使えませんし、事前にフラッシュバック用の設定も必要ですので、あらかじめこの
機能が必要なことを予想して、運用していなければなりません。

Point-in-Timeリカバリの仕組み

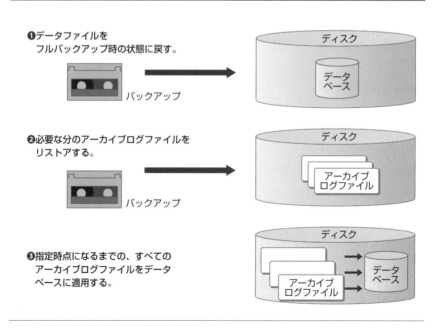

❶データファイルを
　フルバックアップ時の状態に戻す。

バックアップ

ディスク

データ
ベース

❷必要な分のアーカイブログファイルを
　リストアする。

バックアップ

ディスク

アーカイブ
ログファイル

❸指定時点になるまでの、すべての
　アーカイブログファイルをデータ
　ベースに適用する。

ディスク

アーカイブ
ログファイル

データ
ベース

＊**どこまで〜必要があるか**　初期化パラメータの「db_flashback_retention_target」で、データベースをフラッシュ
　バックできる時間の上限を分で指定する。

＊**ARCHIVELOGモード**　3-6節「データベースの物理構造」を参照。

❹指定時点にまでデータベース全体が
戻る。

▶▶ Flashback Table

　Flashback Tableは、バックアップをリカバリせずに、偶発的に変更または
削除された特定の表だけを過去のある時点まで戻す機能です。FLASHBACK
TABLE文を使用します。

　Flashback Tableの機能を使うには、次の2点が必要です。

①表の構造を変更するDDLが実行されていないこと。
②指定した時点までのUNDOデータがあること。

　元の表のデータは、Flashback Tableの実行後も消失しないため、後で元の表
の状態に戻せます。

▶▶ Flashback Drop

　Flashback Dropは、Flashback Tableの機能の一部で、特定の表だけを表
の削除（DROP TABLE）前の状態に戻します。

　OSのごみ箱機能と似たような機能となっており、DROP文によって削除された
データは、表領域内のRECYCLEBINという領域に保存されています。表領域に
空き容量がある限り、ごみ箱内の過去データは保存されます。

▶▶ Flashback Time Travel

　近年、内部統制の強化に伴うコンプライアンス、さらには効率的なビジネスイン
テリジェンスの活用のため、履歴データをセキュアに保存する必要性がこれまで
になく高まっています。しかし、これまですべての履歴データを安全に管理しよう
とすれば、サードパーティの製品を使ったり、独自に作り込む必要がありました。

第10章　バックアップとリカバリ

Oracle Database 12cでは、この問題を解決すべく、Flashback Data Archiveという技術を基盤にした新しい機能、Flashback Archiveを導入しました。なお、23cからは**Flashback Time Travel**に機能名が改称されました。

Flashback Time Travelは、基本的にFlashback QueryやFlashback Transaction Queryに対して指定した期間の変更履歴を保存させる機能です。例えば、5年保存の指定をすると、5年前のデータまで遡ってFlashback Queryを実施できます。

Flashback Time Travelの特徴は、下記の通りです。

①過去の履歴データが変更されないことが保証される。
②企業内の権限を持つ人物だけが機密データが参照できる。
③過去のデータには透過的かつ簡単にアクセス可能。
④履歴データのボリュームを効率的にコントロールできる。

Flashback Time Travelを使用すれば、保管期間の制限がないので、すべてのデータを必要な期間だけ保存し、過去の特定の時点のデータに対して透過的にアクセス可能です。履歴データは圧縮されて保存されるので、ディスク領域の使用効率も高くなります。

また、簡単な設定だけで使用可能なので、クライアントアプリケーション側の変更は必要ありません。さらに、悪意のある改ざんを防ぐ保護機能も備えているので、監査にも充分に対応できます。

Oracle Database 10gまでに実装されたFlashback Query、Flashback Tables、Flashback Database、Flashback Data Archive に加え、この Flashback Time Travelがそろえば、とても強力なデータの履歴管理が完成します。

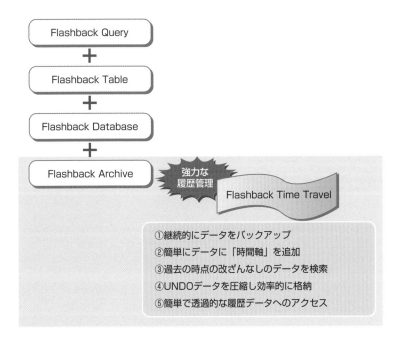

Oracle Databaseのフラッシュバック機能

Flashback Query
+
Flashback Table
+
Flashback Database
+
Flashback Archive

強力な履歴管理

Flashback Time Travel

①継続的にデータをバックアップ
②簡単にデータに「時間軸」を追加
③過去の時点の改ざんなしのデータを検索
④UNDOデータを圧縮し効率的に格納
⑤簡単で透過的な履歴データへのアクセス

第10章 バックアップとリカバリ

順序は何桁あれば尽きない？

　Oracle Databaseで一意の数値を得るために使用するデータベースオブジェクトである順序（シーケンス）ですが、何桁あれば十分な桁数になるでしょうか？　過剰すぎるかもしれませんが、仮に毎秒1万回採番してみるという仮定で計算すると、1日に8億6400万個、1年で3153億6000万個番号が進みます。つまり、1年で12桁必要となります。これにもう1～2桁加えて、13～14桁もあれば順序はシステムの寿命の間は尽きないはずです。

　ちなみに順序の最大桁数は28桁です。同じ条件で28桁を使い切るためには兆の単位の年月が必要ですので、大きすぎる桁数の指定はさすがに無駄過ぎるようです。

オラクル社の製品情報の入手先

オラクル社の製品情報は、以下のサイトで入手することができます。

●会社サイト

言わずもがな、日本オラクル社のサイトです。基本はここからとなりますが、開発者の方は後述のOTNの方がなじみがあると思われます。oracle.comまでにURLを留めると、US本社のサイトに飛びます。

▼日本オラクル | Oracle _クラウド・アプリケーションとクラウド・プラットフォーム
```
https://www.oracle.com/jp/
```

●製品マニュアル

マニュアルは以下から閲覧とダウンロードが可能です。

▼マニュアル _ Oracle 日本
```
https://www.oracle.com/jp/documentation/manual.html
```

● Oracle Software Delivery Cloud

購入したオラクル製品のソフトウェアのダウンロード先です。実際問題としては、購入してなくてもダウンロードはできます。

▼Oracle Software Delivery Cloud
```
https://edelivery.oracle.com/osdc/faces/Home.jspx
```

●オラクルエンジニア通信

新製品の提供や、頻繁に更新されるOracle Cloudの最新情報が手に入るサイトです。

▼Oracle Blogs _ Oracle オラクルエンジニア通信
```
https://blogs.oracle.com/oracle4engineer/
```

● Qiitaの日本オラクルのOrganization

技術記事サイトQiitaに参加している日本オラクル社の社員が集っています。最近は、データベースよりもクラウドの記事の方が多くなっています。

▼日本オラクル株式会社 - Qiita
```
https://qiita.com/organizations/oracle
```

上記以外にも、オラクル社の社員や製品を取り扱っている企業、個人が主に製品技術情報に関するサイト、ブログなどを多く展開されています。

第Ⅲ部　Oracle Databaseの主要機能

高可用性関連機能

Oracle Database では、その代表的な機能である Real
Application Clusters をはじめ、高可用性を支える機能が充
実しています。これが基幹系システムやミッションクリティカ
ルなシステムで Oracle Database が多用される背景になっ
ています。本章では、そんな高可用性関連機能の概要につい
て解説します。

11-1

Oracle Clusterware

止まらないシステムを実現するためには、クラスタウェアの導入が不可欠です。本節では、Oracle Databaseに標準で付属しているクラスタウェア、Oracle Clusterwareを紹介します。

▶▶ クラスタウェアの概要

クラスタウェアは、データベースサーバーやアプリケーションサーバーのような、サーバー上のシステムをダウンさせずに稼働させるため、複数のサーバーを連結させて1つのサーバーのように見せかけるためのソフトウェアです。

クラスタウェアを用いた構成を**クラスタシステム***と呼び、クラスタシステムを組む操作をクラスタリング、あるいはクラスタ化と呼びます。また、クラスタシステムにおいては、各サーバーのことを**ノード**と呼びます。

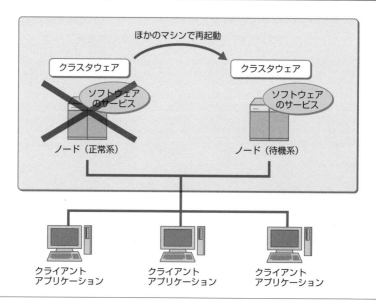

クラスタシステム

* **クラスタシステム** クラスタリング構成、クラスタ構成と呼ぶこともある。

▶ Oracle Clusterware

オラクル社からもクラスタウェアがリリースされており、それが **Oracle Clusterware** です。次節で解説する Real Application Clusters（RAC）を構成する際に必須で使用します。

また、RAC構成ではなく、クラスタシステムのような、正常系がダウンしたら待機系に切り替える構成を取ることも可能です。

基本的には Oracle Database のクラスタリングのために使用しますが、ほかのソフトウェアをクラスタリングするための API も提供されています。

▶▶ Oracle Grid Infrastructure（GI）

Oracle Database 11g（R2）から **Oracle Grid Infrastructure（GI）** という概念が導入されました。GI は Oracle Clusterware と Automatic Storage Management＊（ASM）で構成されており、Oracle Database と独立してインストールできます。

GI の概念が導入されたことにより、Oracle Database 以外のソフトウェアのクラスタリングが容易になったり、複数の RAC をまとめて1つの GI で管理することができるようになるといった利点が生まれました。

 COLUMN JPOUGに参加してみよう！

JPOUGは、JaPan Oracle User Groupの略で、日本でOracle Databaseを利用しているユーザーの有志が立ち上げた技術者のコミュニティです。定期的に技術情報を共有するイベントを開催しています。

日本オラクル社のエンジニアも参加しているようですが、発表の主体はどちらかというとユーザーのようです。自分の経験を発表してみたい方、あるいは他社の技術者の知見を得たい方、ほかのOracle技術者（社員含む）と交流してみたい方はJPOUGに参加するといいでしょう。

▼ Japan Oracle User Group（JPOUG）

```
http://www.jpoug.org
```

＊ **Automatic Storage Management**　3-6節「データベースの物理構造」を参照。

第11章 高可用性関連機能

11-2

Real Application Clusters (RAC)

高可用性とは、24時間×365日のように、常時またはほとんど常時使用可能であり続ける、極言すれば「止まらない」ということです。クラスタシステムのReal Application Clusters（RAC）は、相互に接続された複数のコンピュータの処理能力を統合して利用します。これにより、拡張性とスケーラビリティの共存を実現した最強のクラスタシステムを構築しています。

▶▶ Real Application Clusters（RAC）の概要

Oracle Databaseで使われている**Real Application Clusters(RAC)**は、シェアード・エブリシング型クラスタシステムで、クラスタシステム内の各ノードでインスタンスを作成することによって、高可用性と高パフォーマンスの両方を得られる技術です。

他社の通常の高可用性システムでは、例えば2つのノードがあった場合、稼働するノードは片方だけで、もう一方のノードは障害発生時まで待機しているアクティブ/スタンバイ型であるため、待機系のノードは通常は遊んでいることになり、貴重な資源を浪費していました。

ですから、ピーク時に4CPUが必要な業務量があったとすると、アクティブ/スタンバイ型では、ピーク時に備えるために、正常系、待機系とも4CPUのコンピュータを用意しておかなければなりません。

ところがRACを利用すると、2CPUのコンピュータであっても常時2台が稼働しているため、4CPU分の仕事をこなすことが可能です。つまり、用意するノードのCPU数が半分で済むわけです。もちろん、片方のノードの障害発生時には2CPUしか使えませんが、障害が復旧するまでの間は仕方がないと割り切れば、かなりのコストダウンが可能になるのです。

RACは、Oracle Database 12cのEnterprise Editionではオプションですが、Standard Editionでは標準で付属していました。過去形になっているのは、

Oracle Database 19cから、この機能が廃止されたためです。18c以前では、利用可能です。

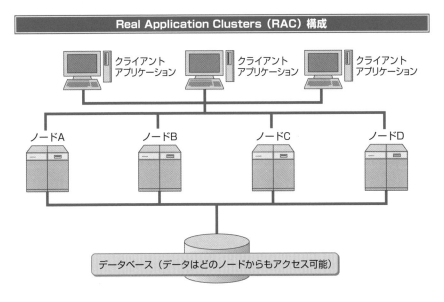

Real Application Clusters（RAC）構成

クライアント
アプリケーション

クライアント
アプリケーション

クライアント
アプリケーション

ノードA ノードB ノードC ノードD

データベース（データはどのノードからもアクセス可能）

▶▶ Cache Fusion

Oracle RAC 9iが登場する以前のOracle Parallel Server（OPS）では、ディスクの書き込みに競合が発生した場合に、競合したデータの受け渡しにディスクI/Oを要することによって、パフォーマンスが低下していました。

例えば、ノードAが更新中のデータブロックに対し、別のノードBからのアクセスが発生したとき、Oracle Databaseがシステムグローバル領域（SGA）にあるノードAによる変更ブロックイメージを一度、共有ディスクへ書き出しました。そして、ほかのノードはそれを読むことで、現在のロック情報を得ていたわけです。しかし、このディスクI/Oがボトルネックになり、ノードを追加すると全体のパフォーマンスが低下しがち、という現象が指摘されていました。

RACでは、この問題をオラクル社独自の**Cache Fusion**というアーキテクチャの開発により解決しました。これは簡単に言えば、従来、ディスク領域を介在させ

て受け渡ししていた情報を、共有のキャッシュメモリを用いて高速転送する方式です。ディスク領域よりずっと高速なメモリを利用することにより、パフォーマンスの低下を防げるようになりました。

　RACでは、新しいノードを追加するにしても、データベースの停止を行う必要もなく、オンラインのままノードの追加と新しいインスタンスの作成をするだけでOKです。

　このOracle Databaseのクラスタ技術に、最近の高速共有ハードディスク技術やインターコネクト技術（ノード間通信技術）を組み合わせれば、メインフレームでしか実現できなかったような信頼性とパフォーマンスを誇るクラスタシステムが実現しうるということで、発表以来、RACは大きな注目を浴びています。

　Oracle Exadataでは、**Exafusion**と呼ばれるCache Fusion高速化機能を有しており、非Exadataと比べて非常に高速かつ安定的なCache Fusionが可能になっています。

▶▶ Transaction Guard/Application Continuity（AC）

　Oracle Database 12cで導入された**Transaction Guard**という機能は、現在のトランザクションの状況を確認するためのAPIです。これをベースにした**Application Continuity（AC）**という機能を使用すると、更新を含むトランザクションの引き継ぎが可能になります。もちろん参照系のトランザクションの引き継ぎも可能です。

　Oracle Database 19cでは、JDBCでコネクションプールの機能を使用した接続を行っていれば、サーバー側の設定のみで、アプリケーションでコーディングを行うことなく、ACが利用できます。

▶▶ RACの優れた点

　これまで述べたように、Oracle DatabaseのRACは、シェアード・ナッシング型クラスタシステムの問題をすべて解決しています。最後にもう一度、RACの優れた点をまとめてみます。

●パフォーマンスを劣化させない

　データベースにアクセスするノード（サーバー）は100台まで拡張可能で、すべてのノードがデータベースのデータを完全に共有します。もちろん、これは完全なアクティブ/アクティブ型です。

　書き込みの競合に関しても、インターコネクト技術やCache Fusionの機能によって解決し、パフォーマンスを劣化させることもありません。

●障害に強い

　すべてのノードがデータを共有し、同一のデータベースとして稼働するので、先に挙げたようなデータの担当範囲を分割するようなこともしません。

　また、ノードに障害が起きた場合でも、引き継ぎの必要がないので、システムは一切停止しません。そればかりか、障害発生時に行っていた処理を、そのままほかのノードに引き継がせることも可能です。クライアントアプリケーション側に一切複雑なコードを入れなくても、ノードを自動的に切り替えて処理を継続させられます。そのため、クライアントアプリケーションの利用者は、自分が使っていたノードが障害を起こしたことにも気づきません。

●優れた拡張性

　RACの特性により、スケーラビリティ*に優れているというメリットも享受できます。例えば、最初は4台のノードで稼働させ、処理能力が足りなくなったらノードを追加することで処理能力を拡張できるのです。こうした拡張性を**スケールアウト**と呼んでいます。

　一般的には、システムの先を見越して処理能力の高いノードを購入し、CPUやメモリを継ぎ足すスケールアップを行います。しかし、これは本当に必要になるかどうかもわからないし、今は必要でないものに対して投資を行う無駄が生じます。Oracle DatabaseのRACであれば、そうした心配もなくなるというわけです。

　こうした特徴を持つRACは、データベースのクラスタシステムとして、まさに完全無欠とも言える状態です。そのため、国内外で非常に幅広く採用されており、他社にまねのできない技術として広く知られています。365日×24時間稼働が

*****スケーラビリティ**　システムの利用者や負荷に応じて、性能や機能を拡張できること。

求められる環境では、まさに必須の技術と言えるでしょう。

　さらに付け加えると、RACを導入すれば、システムのメンテナンスも楽になります。計画的なシステムの停止であっても、最近は定時の帰宅が簡単に許されず、深夜休日あたり前のIT担当者には嬉しい話です。

　RACはノードが停止しても、システムが停止しない特性があるので、計画的にノードを停止してもシステムは停止しません。OSに対するパッチの適用や、様々なメンテナンス時にも、誰に迷惑をかけることもなくノードを停止できるのです。もちろん、ノードが1台停止すれば、その分処理能力が落ちることは忘れないでください。

▶▶ RACの導入費用

　RACに弱点があるとすれば、その価格でしょう。RACは、Enterprise Editionのオプションが必要なので、非常に高価なのです。また、インターコネクトと呼ばれるRACのノード間通信専用のネットワークを必要する、セットアップが非常に難しいなどの難点も存在します。

　特に最近では、Oracle Database ApplianceやOracle Exadata Database Machineのような、最初からRAC構成で提供されるEngineered Systems ＊も提供されており、RAC環境の構築も楽に実現できるようになっています。

＊**Engineered Systems**　オラクル社が提供する、ハードウェアとソフトウェアを一体化させた製品。

11-3

Oracle Data Guard

Oracle Data Guardは、データ障害や災害が発生したときでもサービスを途切れることなく提供できるように、これまでのOracle Databaseが持っていたスタンバイデータベース機能やログ転送機能を強化したものです。これによって、完全なデータ保護と連続的なサービスを安全かつ低コストで実現できます。

▶▶ Oracle Data Guardの概要

Oracle Data Guardは、本番用のデータベースである**プライマリデータベース**と、予備のデータベースである**スタンバイデータベース**をセットで運用することで、データベースに起こりうる様々な障害（人的ミスを含む）からデータを守ります*。

基本的に、プライマリデータベースで生成されたREDOログ情報をスタンバイデータベースに転送し、それを適用することによって、両者の同期を取っています。そして、プライマリデータベースに障害が発生したときには、同期を取っているスタンバイデータベースに切り替えることで高可用性を維持します。

プライマリデータベースからスタンバイデータベースへの切り替え、さらにはその逆のスタンバイデータベースからプライマリデータベースへの切り替えの状況を表す用語がいくつかあります。それを見ていきましょう。

●フェイルオーバー

プライマリデータベースへの障害発生時に、処理をプライマリデータベースからスタンバイデータベースへ切り替えることを**フェイルオーバー（failover）**と言います。

一度、フェイルオーバーのコマンドでスタンバイデータベースに処理を切り替えると、元のプライマリデータベースに戻すことはできません。

---

* **Oracle Data Guard 〜守ります**　ただし、この機能は Enterprise Edition 限定の機能となっている。

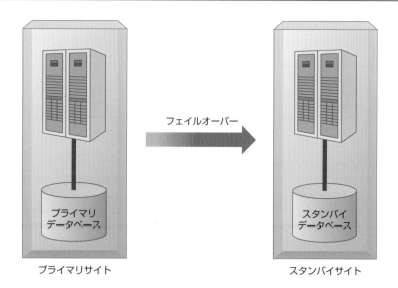

フェイルオーバーの仕組み

フェイルオーバー

プライマリ
データベース

スタンバイ
データベース

プライマリサイト

スタンバイサイト

●スイッチオーバー / スイッチバック

　スイッチオーバー（switchover）、および**スイッチバック（switchback）**は、意図的にプライマリデータベースおよびスタンバイデータベース間で役割を交互に切り替えることを言います。

　以前のスタンバイデータベースでは、フェイルオーバーをした場合、それまでのプライマリデータベースを新たなスタンバイデータベースして使用するためには、スタンバイデータベース環境を再作成しない限り、新たなスタンバイデータベースとして使用できませんでした。

　Oracle Data Guardでは、スイッチオーバーで処理をスタンバイデータベースに切り替え、スイッチバックで処理を元のプライマリデータベースに戻します。

　また、この切り替え時にデータベースを停止せずにすむので、例えばOSやハードウェア環境のメンテナンスを行う場合にも、システムを止めずに行えます。

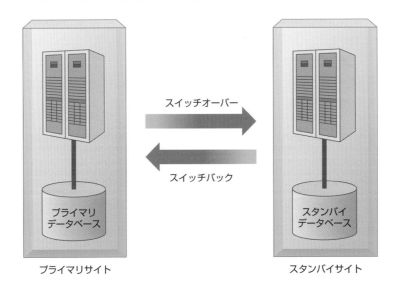

スイッチオーバー／スイッチバックの仕組み

スイッチオーバー

スイッチバック

プライマリ
データベース

スタンバイ
データベース

プライマリサイト

スタンバイサイト

　Oracle Data Guardでは、フェイルオーバーやスイッチオーバー／スイッチバックなどの管理作業の多くが自動化されています。

▶▶ スタンバイデータベースの仕組み

　スタンバイデータベースは、常に本番用のプライマリデータベースと同期を取ることで、万一の障害発生時にはプライマリデータベースの代役となります。Oracle Databaseでは、複数のスタンバイデータベースを構成することが可能です。

　スタンバイデータベースには、**フィジカル・スタンバイデータベース**と**ロジカル・スタンバイデータベース***の2種類あり、それぞれ次ページの図のようになります。どちらも基本的には、プライマリデータベースから転送されたREDOログ情報を、複製であるスタンバイデータベースにも適用することによって同期を取る仕組みになっています。

　ただし、現在ではロジカル・スタンバイは機能が不安定なため、ほぼ使用されておらず、代わりにOracle GoldenGateが使用されています。

第11章 高可用性関連機能

＊**ロジカル・スタンバイデータベース**　ロジカル・スタンバイデータベースの機能は、Oracle9iのR2から追加された。

●フィジカル・スタンバイデータベース

　フィジカル・スタンバイデータベースは、プライマリデータベースと物理的にもまったく同一のデータベースです。転送されたREDOログ情報をそのまま適用することで同期を取ります。

　しかし、ログを適用している最中にレポート作成用にオープンしたり、逆にレポート作成中はログの適用ができない、という特徴があります。

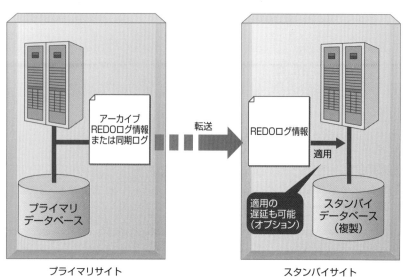

フィジカル・スタンバイデータベースの仕組み

プライマリサイト　　　　　　　　　　スタンバイサイト

●ロジカル・スタンバイデータベース

　ロジカル・スタンバイデータベースは、プライマリデータベースと論理的には同じスキーマを持ちますが、まったく同一ではなく、異なるオブジェクトも含まれます*。転送されたREDOログ情報をSQLの構文に変換した上で適用し、同期を取ります。

　また、フィジカル・スタンバイデータベースでは不可能な、ログ適用と検索処理や索引、マテリアライズド・ビューなどの作成の同時実行ができます。

＊**異なる～含まれます**　追加の索引などが含まれる。

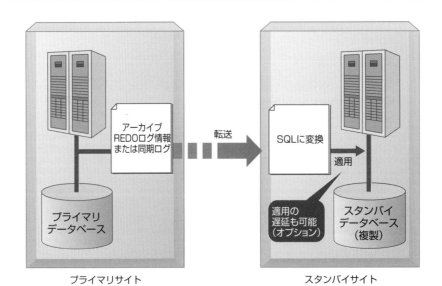

ロジカル・スタンバイデータベースの仕組み

プライマリサイト

スタンバイサイト

▶▶ データベース保護モードの設定

データベースの設定を変更するALTER DATABASE文で、SET STANDBY DATABASE TO MAXIMIZE句を使うと、データベースの保護モードのレベルをデータベース管理者（DBA）が設定できます。

そのSQL文の構文は、次の通りです。

▼データベース保護モードを設定する構文

```
ALTER DATABASE SET STANDBY DATABASE
TO MAXIMIZE {PROTECTION | AVAILABILITY | PERFORMANCE};
```

このSQL文は、予備のプライマリデータベースで実行します。実行する際は、データベースが停止していることが必要です。設定できる保護モードは、下記の3つです。

第11章 高可用性関連機能

● TO MAXIMIZE PROTECTION

最大保護モードです。最高レベルのデータ保護を実現します（フィジカル・スタンバイデータベースのみ）。ただし、プライマリデータベースの「可用性」や「パフォーマンス」に影響を与える可能性があります。

● TO MAXIMIZE AVAILABILITY

最大可用性モードです。2番目に高いレベルのデータ保護を実現します。プライマリデータベースの「可用性」に影響を与えずに、最大レベルのデータ保護を実現します。

● TO MAXIMIZE PERFORMANCE

最大パフォーマンスモード（デフォルト）です。プライマリデータベースの「パフォーマンス」に影響を与えずに、最大レベルのデータ保護を実現します。

▶▶ Active Data Guard（ADG）

Oracle Database 11gより、**Active Data Guard（ADG）**というEnterpise Editionのオプションライセンスを導入したData Guard構成が追加されました。ADGは、基本的にはフィジカル・スタンバイデータベースと同じですが、下記の点が拡張されています。

①従来、ロジカル・スタンバイデータベースでないと実現できなかったデータの参照が可能になる。
②プライマリデータベースのデータベースブロックが壊れた際にデータ破壊を自動検知し、スタンバイデータベースの破壊されていないブロックをプライマリデータベースにコピーすることにより破壊を自動修復する。
③スタンバイデータベースに対して、Recovery Manager（RMAN）の高速増分バックアップが可能になる。

11-4

Sharding/Globally Distributed Database

Oracle Database以外のデータベースで多く採用されているシャーディング（Sharding）構成は、実はOracle Databaseでも12cから構成可能です。23cではより高機能なGlobally Distributed Databaseという機能に進化する予定*です。本節ではシャーディング機能を解説します。

▶▶ シャーディングの概要

シャーディングとは、一般にはデータベースサーバーとストレージの組み合わせ*を複数用意し、データを特定のキー列をベースに分散配置させ、データベースサーバーはキーに紐付けられたストレージ内のデータのみ操作する構成です。

RAC構成の場合、万が一、ストレージが全損するとシステムが停止しますが、シャーディング構成の場合はハードウェアが完全に分離されているので、全滅の可能性がほぼありません。一部破損の際のシステム継続性に難がありますが、多くのデータベースではデータをシャード間で共有しあうことでカバーしています。

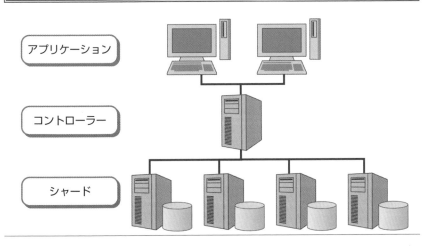

一般的なシャーディング構成

アプリケーション

コントローラー

シャード

＊**進化する予定**　本書執筆時点(2024年3月)では未提供機能。
＊**データベース～組み合わせ**　データを分割して複数の機器に分けて保管する仕組みを**シャード**と呼ぶ。

一方、多くの場合、シャードを束ねて管理するコントローラー的なノードが必要になります。つまり、RAC構成と比較すると、コントローラーが必要なシャーディング構成ではコントローラーのノードの分ノード台数が必要です。

また、シャードの分散キーをどう設計するか、分散キーが存在しない表をどのように配置するのかといった、RAC構成には存在しない課題もあります。

▶▶ Oracle Databaseのシャーディングの構成

Oracle Database12cよりOracle Databaseでもシャーディング構成が可能です。Oracle Databaseのシャーディング構成は、コントローラーのノードが存在するタイプです。

Oracle Databaseでは、コントローラーとは呼ばず、接続のルーティングやシャーディング管理系の処理（シャードの追加など）を行う**シャードディレクタ（shard director）**と、シャード構成関連のメタデータを格納する**シャードカタログ（shard catalog）**というコンポーネント群でシャードの管理を行います。

シャード数の上限は、1000です。

Oracle Databaseのシャーディング構成

▶▶ Oracle Databaseのシャーディングの特徴

シャーディングの特徴を下記に述べます。

●シャードの存在を意識する必要がない

データベースへの接続は、常にシャードディレクタに対して行います。シャードディレクタが必要なシャードへのSQL発行を仲介してくれるので、アプリケーション開発者はシャードの存在を意識する必要がありません。これにより、非シャーディング構成からシャーディング構成に変更しても、アプリケーションを修正する必要がありません。

●結合パフォーマンスに優れる

マスター表のようにキー分割できない表はコントローラー内に配置し、各シャードにマテリアライズドビューの形で同期します。これにより、シャーディングされない表との結合も各シャード内で完結可能となり、結合パフォーマンスに優れます。ただし、マスター表のサイズ次第ではシャーディング構成全体のDB容量が膨れ上がりがちになります。

●データの再編成が自動

シャードの追加削除によるデータの再編成は自動で行われます。

●高可用性機能と併用できる

コントローラー内のノード、シャードともにRACやData Guardといったほかの高可用性機能と併用可能です。

▶▶ シャーディングのキーの選択

シャーディング構成の場合、どのシャードにどのデータを格納するかを指定する必要があります。Oracle Databaseでは、格納シャードを選択する基準となる列（**シャードキー**）と、レコードをどのシャードに格納させるかの方法を指定する必要があります。

第11章　高可用性関連機能

分散方式には、下記のいずれかが指定可能です。

●システム管理のシャーディング（ハッシュ）

シャードキーの値をデータベース内で用意されたハッシュ関数に通した結果で、レコードの格納シャードを決定します。実際に挿入してみないとどのシャードに格納されるかどうかがわからない一方、データの値の偏りがなければ各シャードのレコード件数が似た件数になるので、並列処理の時間の短縮が可能になります。

●ユーザー定義のシャーディング（レンジ）

シャードキーの値を1 〜 1000、1001 〜 2000といった数値の範囲や、1年ごと、1ヵ月ごとといった日付の範囲で格納シャードを決定します。システム管理のシャーディングと比べて、格納先のシャードが明確になります。一方、指定したキーのデータ内容次第ではデータ量や処理対象が特定のシャードに集中し、性能問題が発生する可能性があります。

●ユーザー定義のシャーディング（リスト）

シャードキーの値を県名や支店コードなどの個別の値をベースに格納シャードを決定します。1つのシャードに複数の値を指定することも可能です。利点、欠点はレンジのユーザー定義のシャーディングと同様です。

●コンポジットシャーディング

ハッシュとレンジ、もしくはハッシュとリストを組み合わせてシャーディングする方式です。

11-5

その他の高可用性関連機能

本節では、ここまでで解説してきていない高可用性構成を紹介します。ここで解説している機能は、高可用性構成にしたくても、これまでに解説している機能が自システムにとって過大である場合や、費用面で採用が難しい場合によく採用されます。

▶▶ High Availability（HA）構成

Oracle Databaseの機能を使用するのではなく、サードパーティ製のクラスタウェアを使用してアクティブ/スタンバイ型の**High Availability（HA）**構成を組むことも可能です。正常系のダウンをクラスタウェアが検知すると、クラスタウェアが待機系を起動します。

データベースは共用ストレージ上に配置し、どちらのノードからもアクセスできるように構成します。この際、サーバーのIPアドレスを引き継ぐことも可能です。

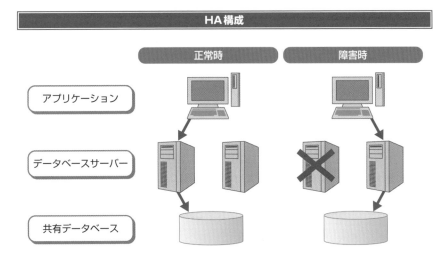

HA構成

▶▶ Standard Edition High Availability（SEHA）

　Oracle Database 19cよりReal Application Clusters（RAC）が利用でき
なくなりました。その代替として、Standard Edition2にて**Standard Edition
High Availability（SEHA）**というHA構成と同様の高可用性構成がサポートさ
れるようになりました。SEHAは、Oracle ClusterwareとAutomatic Storage
Management（ASM）を使用して構成されています。

　Enterprise EditionでもOracle Clusterwareを使用したHA構成は可能です
が、SEHAのように機能として提供されているわけではなく、サードパーティ製品
を使用したHA構成と同様、手動で構成する必要があります。

DUAL表

　Oracle DatabaseにはDUALという表が最初から存在します。「SELECT * FROM
DUAL」で検索してみると、DUMMYという1列だけの表で、1行だけ「X」が格納されて
いる表であることがわかります。では、この表は何のために存在するのでしょうか?

　従来、Oracle DatabaseではSELECT文のFROM句にテーブル名やサブクエリ
(SELECT文やUPDATE文などのSQL文の中の一部として存在するSELECT文)を必ず
指定する必要がありました。ですので、Oracle Databaseで「SELECT 1+1」のような
何らかの演算結果や固定値を戻す、FROM句なしのSELECT文が発行できず、そのよう
なSQL文を発行したい場合はDUAL表を使用して「SELECT 1+1 FROM DUAL」とし
て実行していました。

　このように過去形で記載しているのは、Oracle Database 23cからは多くの他社デー
タベースと同じく、FROM句なしのSELECT文の発行が可能になったためです。ですの
で、このコラムの記載は21c以前までの話となります。ただし、過去バージョンからの移
行の際にわざわざSQL文を修正するのは大変なので、下位互換性のために23cでも
DUAL表は存在します。余談ですが、実際にはこのようなSQL文を実行する前にOracle
Database内部で「FROM DUAL」を付け足しています。

第Ⅲ部　Oracle Databaseの主要機能

分散データベース

　　マルチテナントの機能を活用しない限り、会社の規模に応じ
てデータベースの数は増える一方となります。VMWare のよ
うな仮想化基盤を利用したとしてもハードウェア台数を減らせ
るだけに過ぎず、データベースの視点では何も変わりません。
複数のデータベースが存在する場合、データベースを連携さ
せたいニーズが出てくるものです。本章ではそんなニーズが
ある場合の実現方法を解説します。

12-1

データベースリンク

データベースリンクはOracle Databaseの分散データベース機能にとって中核となる機能です。本節ではデータベースリンクの概要について解説します。

▶▶ データベースリンクの概要

データベースリンク（database link）は、実はローカルデータベース（自分自身のデータベース）内のデータディクショナリに格納される、異なるデータベースのリンクポインタです。

次ページの図のように、データベースリンクによるリモートデータベース*への参照は一方通行です。

相手方に接続しているユーザーが、こちら側のデータベース内のオブジェクトにアクセスするためには、相手方のデータベース内のデータディクショナリ内にも、こちら側を参照するためのポインタが必要になります。

データベースリンクでは、**グローバルデータベース名（global database name）**を使用して参照の設定を行います。このグローバルデータベース名は、分散データベースシステム内で重複しない名称でなければなりません*。

通常、データベースリンクの命名時には、設定先データベースのグローバルデータベース名を使用します。これを**グローバルネーミング（global naming）**と言います。

グローバルネーミングでは、初期化パラメータの「global_names*」を「false」にすれば、自由な命名が可能になりますが、これはあまり推奨できません。なぜなら、グローバルネーミングは、いろいろな分散データベース機能で必要になるからです。

また、リンク名の後ろにネットサービス名を付けて命名する方法があります。どんな場合に意味があるかと言うと、同一のデータベースに複数のサービス名が作成されているときに、特定のネットサービス名を用いて接続させたい場合です。具体的な例を挙げると、あるサーバーに異なるプロトコルで接続する複数のクラ

---

*リモートデータベース　ネットワークで接続されているほかのデータベースのこと。
*グローバルデータベース名～なりません　グローバルデータベース名は、作成時にデータディクショナリに格納されるので、後から変更するにはALTER DATABASE文を使用する。
*global_names　データベースリンクが接続するデータベースと同じ名前を持つ必要があるかどうかを指定する初期化パラメータファイル。

イアント＊がある場合などです。

　書式としては、通常のリンク名の後ろに、＠に続けて接続識別子を付与するスタイルとなっています。例えば、「uriage.tky.orcl.com@uri_1」の場合、この「uri_1」が接続識別子となります。

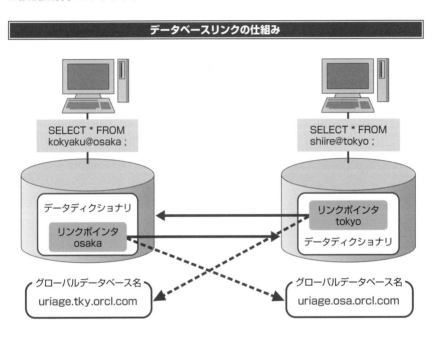

データベースリンクの仕組み

SELECT * FROM
kokyaku@osaka ;

SELECT * FROM
shiire@tokyo ;

データディクショナリ

リンクポインタ
osaka

リンクポインタ
tokyo

データディクショナリ

グローバルデータベース名
uriage.tky.orcl.com

グローバルデータベース名
uriage.osa.orcl.com

▶▶ リンクのタイプ

　リンクのタイプとして、接続ユーザーリンクと固定ユーザーリンクの2タイプがあります。

●接続ユーザーリンク

　接続ユーザーリンクでは、現在ローカルデータベースにログインしているユーザー自身としてリモートデータベースに接続します。この場合、相手方のデータベースにも同一名称のアカウントと権限が必要です。パスワード情報などが定義に含まれないため、データディクショナリにパスワードが平文＊で格納されるような危険

＊**複数のクライアント**　例えば、クライアントAは「TCP/IP」、クライアントBは「DECnet」など。
＊**平文**　暗号化されていないデータのこと。

は発生しませんが、データベース管理者（DBA）の権限管理の手間は増大します。

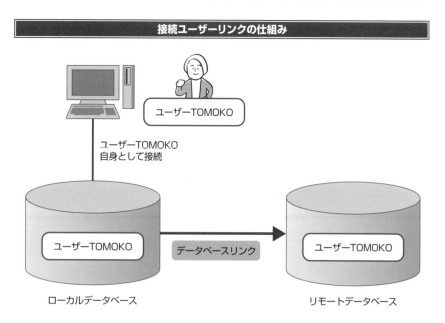

接続ユーザーリンクの仕組み

ユーザーTOMOKO

ユーザーTOMOKO
自身として接続

ユーザーTOMOKO　　データベースリンク　　ユーザーTOMOKO

ローカルデータベース　　　　　　　　　　　リモートデータベース

●固定ユーザーリンク

　固定ユーザーリンクは、データベースリンク内に固定的なユーザー名とパスワードが指定してあり、常にそのユーザーで接続するような方法です。このユーザーは相手方データベースに存在するユーザーとなります。

　次ページの図は、ローカルデータベースのユーザー「TOMOKO」が、ユーザー「DEV」で接続するように設定されている固定データベースリンクを利用して、リモートデータベースに接続する場合を表しています。

　この場合、「TOMOKO」は相手方データベースのユーザー「DEV」として接続し、「DEV」が相手方データベース内で直接付与されているすべての権限とデフォルトロールを所有します。

　固定ユーザーリンクは、接続ユーザーリンクと違って、ローカルリモート両方に同じユーザーを作成する必要がなく、権限の制御がしやすい利点があります。ただし、その反面、パスワードがデータディクショナリに格納されるなど、セキュリ

ティ上の危険性があります。

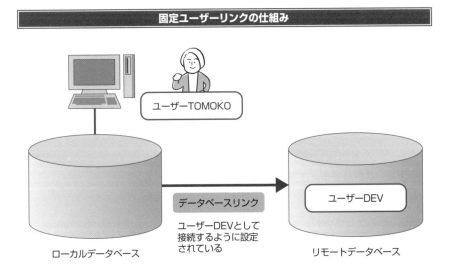

固定ユーザーリンクの仕組み

ユーザーTOMOKO

データベースリンク

ユーザーDEVとして
接続するように設定
されている

ローカルデータベース

ユーザーDEV

リモートデータベース

▶▶ 共有データベースリンク

　アプリケーションの仕様によっては、相当な数のユーザーが同時に1つのデータ
ベースリンクを使用するような状況が起こります。この接続数がローカルデータ
ベース内のサーバープロセスの数よりかなり多いようだと、パフォーマンス上問題
が起きがちです。このような場合は、**共有データベースリンク**を適切に使用する
ことで、ネットワーク接続の数を少なくできます。

▶▶ データベースリンクの制限事項

　分散データベースシステムには欠かせないデータベースリンクですが、いくつ
か制限事項もあります。

　例えば、リモートオブジェクトに対してデータベースリンクを利用してDDLを
発行することはできません。そのため、リモートのテーブルの権限の変更やテー
ブル定義の変更などはできません。TRUNCATE文もDDLのため、データベース
リンク経由ではTRUNCATE文の実行はできないのでご注意ください。

第12章　分散データベース

マテリアライズドビュー

マテリアライズドビューには様々な用途がありますが、分散データベースシステムでは、データをレプリケートし、複数のサイトで実行される更新を同期化するために使用されます。

▶▶ マテリアライズドビューの概要

ビューは、4-5節「ビュー」で解説したように、実データを持ちません。このビューと異なり、**マテリアライズドビュー（materialized view）** は、materializedの名前の通り、実データを持つビューです。マスター表を何らかのSELECT文で抜き出したイメージを保持するのがマテリアライズドビューです。

マスター表とマテリアライズドビューは、同じデータベースに存在していても、異なるデータベースに存在していても構いません。異なるデータベースに存在する場合は、マスター・サイトからマテリアライズドビュー・サイトへのデータベースリンクが存在する必要があります。

下の図が基本的なマテリアライズドビューの仕組みです。

基本的なマテリアライズドビューの仕組み

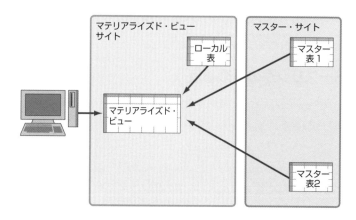

マスター・サイトの中にマテリアライズドビューを作成し、それを後続のマテリアライズドビューが参照しています。

高速リフレッシュと完全リフレッシュ

マテリアライズドビューは、基本的には後述する一部のタイプを除き、内容を更新することができません。**マスター表**から定期的に**リフレッシュ**という操作を行って更新内容を反映させます。

主要な更新方式には、高速リフレッシュと完全リフレッシュの2種類があります。

●高速リフレッシュ

高速リフレッシュは、前回のリフレッシュからの更新差分を記録する**マテリアライズドビュー・ログ**という、マスター表が存在するサイトに作成するオブジェクトを介して、更新差分のみをマテリアライズドビューに反映させます。ただし、高速リフレッシュを行えるSELECT文の内容は限られており、複雑なSELECT文は高速リフレッシュができません。

高速リフレッシュのタイミングは、手動/間隔指定/ON COMMIT（コミットのたびにリフレッシュ）の3種類から選べます。

●完全リフレッシュ

完全リフレッシュは、SELECT文の内容に制限はありませんが、マスター表全体を元にSELECTした結果を上書きする形でリフレッシュを行うため、リフレッシュに時間を要します。

完全リフレッシュのタイミングは、手動/間隔指定から選べます。

なお、そのマテリアライズドビューが高速リフレッシュが可能かどうかは、オブジェクト作成前に確認することも可能です。また、高速リフレッシュが可能と言っても、基本的にマテリアライズドビューは重い仕組みで、頻繁なリフレッシュは推奨されていません。

第12章　分散データベース

▶▶ マテリアライズドビューの種類

マテリアライズドビューには、**読み取り専用マテリアライズドビュー**、**多重化マテリアライズドビュー**の2種類があります。

●読み取り専用マテリアライズドビュー

読み取り専用マテリアライズドビューは、その名の通り、Read Onlyで更新不可能な一方通行のマテリアライズドビューです。書き込みがないので、競合もありません。この機能は、古いバージョンのOracle Databaseでは**スナップショット**と呼ばれていました。マテリアライズドビューは、スナップショットをより高機能にしたものとなります。

マスター・サイトにある元データに更新が行われると、変更されたマスターの内容がネットワークを通じて、データベースリンクを介したリモートサイト側のマテリアライズドビューにリフレッシュされます。

●多重化マテリアライズドビュー

マテリアライズドビューの参照する元データは、マスター・サイトにあるマスター表だけでなく、別のマテリアライズドビューの場合もあります。つまり、マテリアライズドビューは、階層的に参照されることがあるということになります。

このような仕組みを**多重化マテリアライズドビュー**と呼びます。そして、元になるマテリアライズドビューを所有するサイトのことを、マスター・マテリアライズドビュー・サイト、その中に作成されるマテリアライズドビューのことをマスター・マテリアライズドビューと呼びます。

▶▶ その他のマテリアライズドビューの機能

マテリアライズドビューには、下記の機能も用意されています。

●クエリーリライト

マテリアライズドビューを参照していないSQLを発行した際に、そのSQL文がマテリアライズドビューを使った方が高速になりそうだと判断した場合、マテリア

ライズドビューを参照するSQLに書き換えて実行する機能を**クエリーリライト**と
呼びます。クエリーリライトはEnterprise Editionで利用可能な機能です。

●**リアルタイムのマテリアライズドビュー**

　ON COMMIT指定のマテリアライズドビューは、リアルタイムのリフレッシュ
が可能ですが、更新頻度が高い場合はデータベースへの負荷も相当高くなります。
この問題に対し、ON COMMIT以外の指定時であっても未リフレッシュデータも
参照して最新のデータを検索する機能がリアルタイムのマテリアライズドビューに
なります。リアルタイムのマテリアライズドビューは、ON COMMIT指定のマテ
リアライズドビューよりも負荷が軽くなります。

 NULLって、なんだろう？（3）

（P.181からの続き）
　また、Oracle Databaseの標準の索引は、NULLを除外して生成されるため、NULLを
含む列にWHERE条件を設定すると、索引は使用されず、つねに全件検索（フルテーブル
スキャン）となってしまうことにも注意が必要です。

▼条件にNULLを含む式の評価の結果

比較対象の値	条件式	評価結果
10	IS NULL	FALSE
10	IS NOT NULL	TRUE
NULL	IS NULL	TRUE
NULL	IS NOT NULL	FALSE
10	= NULL	UNKNOWN
10	!= NULL	UNKNOWN
NULL	= NULL	UNKNOWN
NULL	!= NULL	UNKNOWN
NULL	10	UNKNOWN
NULL	!= 10	UNKNOWN

第12章　分散データベース

12-3
Transactional Event Queue (TEQ)

Transactional Event Queue（TEQ）はOracle Database 21cから実装された メッセージキューイング機能であり、Advanced Queuing（AQ）の後継機能になります。TEQはAQより高機能になっており、本節ではTEQの概要と強化点について解説します。

▶▶ メッセージキューイングとは

まずメッセージキューイングについて解説します。**メッセージキューイング**は、IBM MQに代表されるような、メッセージベースの非同期通信の処理になります。キューと呼ばれるデータストアに**エンキュー***と**デキュー***を通じてアプリケーション間のメッセージのやり取りを行います。エンキューを行うアプリケーションのことを**パブリッシャ**、デキューを行うアプリケーションのことを**サブスクライバ**と呼びます。

Oracle Cloudに限らず、大手のクラウドサービスではメッセージキューイングに関するサービスを提供しており、根強い需要がある処理方式です。

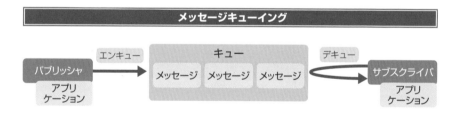

メッセージキューイング

---

* **エンキュー**　Enqueue。キューへの書き込み。
* **デキュー**　Dequque。キューからの読み出し。

Transactional Event Queue（TEQ）の概要

Transactional Event Queue（TEQ）は、前述のメッセージキューイングの機能を提供します。Oracle Databaseがあれば、TEQを使用することで、ほかのメッセージキューイング製品を導入せずとも非同期の処理を実現することが可能です。

昨今流行している非同期処理の基盤として、Apache Kafka※というオープンソースの製品がありますが、TEQはKafkaとも互換性があります。TEQのAPIを使用したパブリッシャからKafkaへのエンキュー、TEQのAPIを使用したサブスクライバからKafkaからのデキューが可能です。また、Kafkaのパブリッシャ・サブスクライバがTEQのキューにエンキュー・デキューを行うことも可能です。

TEQの利点

TEQは、下記のような利点があります。

●エンキュー・デキューと更新を１つのトランザクションとして扱える

TEQのエンキュー・デキューとDMLによる更新を１つのトランザクションとして扱うことが可能です。ほかのメッセージキューイング基盤を使用する場合、トランザクションモニターという異なる製品間のトランザクションをコントロールすることができるソフトウェアを使用しないと、１つのトランザクションとして扱えず、余分な製品を買う必要があります（もっとも、その余分な製品の最大手がオラクル社のTuxedoなのですが……）。

●SQLで検索できる

TEQのキューの実態はテーブルなので、キューに対するSQLでの検索が可能です。

●アプリケーションをOracle Databaseに移植できる

Apache Kafka互換なので、KafkaのアプリケーションをOracle Databaseに簡単に移植することが可能です。また、Kafkaと連携するアプリケーションの作成も容易になります。

※ **Apache Kafka**　アパッチソフトウェア財団が作成するスケーラビリティに優れたオープンソースの分散メッセージキュー基盤ソフトウェア。

第12章　分散データベース

12-4

Oracle GoldenGate（GG）

　レプリケーションツールであるOracle GoldenGate（GG）は、Oracle
Databaseとは異なる製品なのですが、Oracle Databaseを利用する際に欠かせ
ないソフトウェアになりつつあるので、本書で解説対象にしました。GoldenGate
を利用することにより、リアルタイム連携やデータベースの移行、アップグレード
がより簡単にできるようになります。

▶▶ Oracle GoldenGate（GG）の概要

　GoldenGate（GG）は、データベースサーバー同士の論理レプリケーションを
行うツールです。

　以前は、データベースサーバーにインストールしていましたが、現在は、レプリ
ケーション元（ソース）とレプリケーション先（ターゲット）の間にGGのサーバー
を構築し、そこにインストールする形式が追加されています。今では、この中間サー
バー形式*が推奨されています。

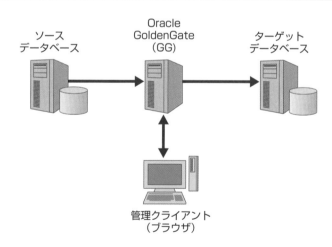

Oracle GoldenGate

ソース
データベース

Oracle
GoldenGate
（GG）

ターゲット
データベース

管理クライアント
（ブラウザ）

＊**中間サーバー形式**　マイクロサービスアーキテクチャと呼ばれる。

　特にデータベースの移行のような短期間の利用の場合は、中間サーバー形式の方が移行後にデータベースサーバーからGGをアンインストールする必要がなく、GGの廃止が楽になるメリットがあります。また、後からの構成変更を嫌う日本のシステム開発の現場の志向にも合っています。

　GGのレプリケーション元を**ソース**、レプリケーション先を**ターゲット**と呼びます。GGはソース側のREDOログ内に存在する更新差分を元にSQL文を組み立て、そのSQLをターゲット側で実行して同期を取ります。REDOログのチェックは最短0.1秒間隔で行われるので、リアルタイムに近い同期が可能です。

▶▶ GGの特徴

　GGには、下記のような特徴があります。

●表やスキーマ単位で同期対象を指定できる

　同期対象を表単位、スキーマ単位で指定することが可能です。表内の一部のデータのみ同期させることも可能です。

●複数のソースやターゲットを指定できる

　ソース、ターゲットはいずれも複数指定することが可能です。複数のサーバーへのレプリケーションや、逆にデータを統合することも可能です。

●Oracle Database以外のデータベースにも対応

　Oracle Database以外のデータベース、例えばMySQLやPostgreSQL、SQL Serverなどに対応しています。ソースとターゲットが異なるデータベースであっても構いません。一部の製品はターゲットにのみ利用可能です。

　また、ターゲットはデータベースではなく、CSVのようなテキストファイルやApache Kafkaのような分散メッセージキューイング基盤なども指定可能です。

　ただし、Oracle Database以外のソース・ターゲットを使用する場合は、Oracle Database向けよりも高価なライセンスが必要です。

第12章　分散データベース

●データを変換しながらレプリケーションできる

限度はありますが、テーブルのレイアウトが異なっていてもマッピングを定義することにより、データを変換しながらレプリケーションすることが可能です。変換ロジックが複雑な場合、データ変換のためのアプリケーションを呼び出すことも可能です。

●双方向同期が可能

Oracle GoldenGateは、基本的に片方向のレプリケーションでの利用が想定されますが、高可用性や負荷分散のため、お互いがお互いのレプリケーション先となる双方向同期も可能です。

双方向同期を行う場合、同じレコードを同時に更新した場合の競合解消方法を指定する必要があります。

Oracle GoldenGateでは、タイムスタンプやノードの優先度などによる更新の競合の解消が可能です。

●OCI GoldenGate

Oracle CloudでもGoldenGateのPaaSサービスを提供しています。ライセンスと異なり、短期の利用が可能なため、特にデータベースのバージョンアップのような一時的な利用に向いています。

また、ライセンスで提供しているものに比べると対象が少なくなっていますが、Oracle Database以外のデータベースにも対応しています。

第**13**章

運用管理

　当然ですが、構築したデータベースは運用しなければなり
ません。Oracle Database が安定的に運用されているかどう
かを日々確認することは非常に重要です。本章では、運用管
理を支援する機能や製品を解説します。

13-1

Oracle Enterprise Manager (OEM)

Oracle Enterprise Manager（OEM*）は、クラウド環境では代替環境があるので利用が減ってきていますが、オンプレミスやオンプレミスとクラウドのハイブリッド環境では今なお活躍しています。

▶▶ Oracle Enterprise Manager (OEM) とは

Oracle Enterprise Manager（OEM）は、Oracle DatabaseをはじめとしたOracle製品全般の運用管理基盤です。Oracle Databaseとは独立した製品で、本書執筆時（2024年3月）の最新は13cで、Oracle Databaseとは大きく乖離しています。本書では、OEM のOracle Database管理部分を紹介します。

以前はEnterprise Manage ExpressというOracle Databaseに内包された単体データベースを管理するOEMも存在していましたが、23cでは廃止されています。後述するような専用のサーバーを構築し、複数のデータベースをまとめて管理するEnterprise Manager Cloud Controlという形態のみになっています。

▶▶ Enterprise Manager Cloud Control

Enterprise Manager Cloud Controlは、複数のOracle DatabaseやOracle Database以外の製品（例えば、Weblogic ServerやOracle Exadata Database Machine、GoldenGate、他社製品など）を管理できるように、**Oracle Management Server(OMS)** と呼ばれる集中管理用サーバーを立てて、そこで集中管理する形式を取ります。OMS1台で、数百台レベルまで監視・管理可能です。

管理対象のサーバーには、SNMPベースの管理エージェントと、管理対象製品用のPlug-inモジュールをインストールする形になります。Plug-inモジュールは、必要に応じてOMS側にもインストールする必要があります。

OMSの構築のためにはOracle WebLogic ServerとOracle Databaseが必要になりますが、OMS目的の場合はこれらのライセンス料は不要*です。

---

* **OEM**　EM とも略す。
* **ライセンス料は不要**　ただし、OMS を RAC 構成にする場合はライセンス料が必要。

　オンプレミス上のOracle Databaseだけではなく、クラウドサービスとして提供されているクラウド上のOracle Databaseも管理対象にすることが可能です。その際のOMSの存在場所は、オンプレミスでもクラウドでも構いません。

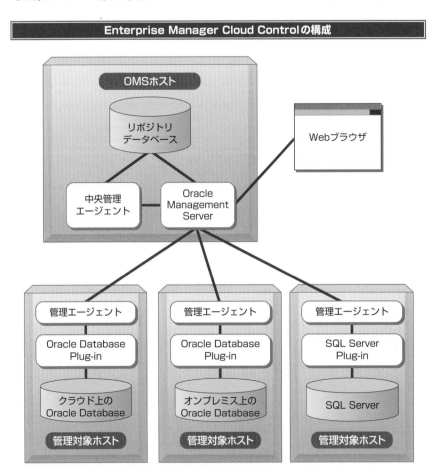

Enterprise Manager Cloud Controlの構成

第13章 運用管理

▶▶ OEMの基本機能

OEMは、主に下記のような機能で構成されています。

●基本的なデータベース管理

次のような基本的データベース管理が可能です。

①テーブル索引といったデータベースオブジェクトの管理
②表領域やUNDO、REDO、Data Guard等のデータベース本体の管理
③初期化パラメータの管理
④ユーザーや権限の管理
⑤バックアップ、リストアの実施

　基本的には、SQL*PlusやOSコマンドを使用して実施可能な操作が、ブラウザ上からよりわかりやすく実施できるようになっていると考えていただいて構いません。基本的にOEM専用のSYSMANユーザーを使用して、OEMからOracle Databaseにログインします。データベースの起動のような、SYSDBA権限が必要な操作に関しては、SYSユーザーないしSYSDBA権限を持つユーザーで操作を行います。

　それ以外のユーザーでも、所持している権限に応じてOEMからログインしてOracle Databaseの操作を行うことも可能ですが、権限のない操作がグレーアウトするといった親切機能は残念ながら存在していません。

●SQL Workbench

　OEMから起動できる、SQL*Plusライクなツールです。単体SQLないしSQLスクリプトの実行が可能です。SELECT結果がテーブル形式で表示されるなど、SQL*Plusに比べるとブラウザらしい対応がなされています。

13-2

Automatic Database Diagnostic Monitor(ADDM)

Automatic Database Diagnostic Monitor（ADDM）は、自動的にOracle Databaseのパフォーマンスを診断し、問題の解決方法を判断します。

▶▶ Automatic Database Diagnostic Monitor（ADDM）の概要

Automatic Database Diagnostic Monitor（ADDM）は、次節で解説するAWRに記録された統計情報を元に、各種アドバイスをデータベース管理者（DBA）向けに行ってくれるアドバイザです。DBAは、アドバイザに従うだけで、大抵のチューニングを済ませることが可能になっています。

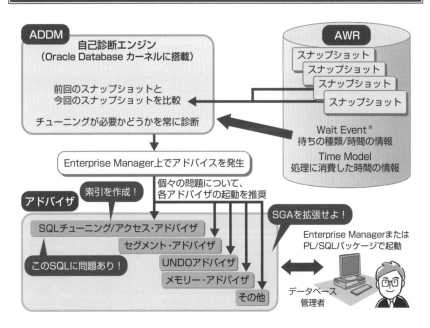

Automatic Database Diagnostic Monitor（ADDM）の仕組み

ADDM
自己診断エンジン
（Oracle Database カーネルに搭載）

前回のスナップショットと
今回のスナップショットを比較

チューニングが必要かどうかを常に診断

Enterprise Manager上でアドバイスを発生

個々の問題について、
各アドバイザの起動を推奨

アドバイザ

索引を作成！

SQLチューニング/アクセス・アドバイザ

セグメント・アドバイザ

このSQLに問題あり！

UNDOアドバイザ

メモリー・アドバイザ

その他

AWR
スナップショット
スナップショット
スナップショット
スナップショット

Wait Event*
待ちの種類/時間の情報
Time Model
処理に消費した時間の情報

SGAを拡張せよ！

Enterprise Managerまたは
PL/SQLパッケージで起動

データベース
管理者

第13章

運用管理

---

* **Wait Event** 10gから追加された統計情報。「V\$SYS_TIME_MODEL」および「DBA_HIST_TIME_MODEL」から取得できる。

　基本的な仕組みは、「どの処理に時間がかかったか？」を、AWRに格納したスナップショットの差分を利用して解析します。

　アドバイザは、下記の方法で起動できます。

Oracle Enterprise Manager（OEM）からの起動

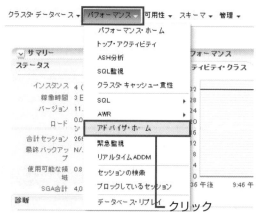

アドバイザ・セントラルのメニュー

13-3

Automatic Workload Repository (AWR)

Oracle DatabaseのEnterprise Editionを使い始めると、「AWRレポート」という言葉が現場を飛び交います。本節では「AWRとは何か」、そして「AWRレポートとは何か」について解説します。

▶▶ Automatic Workload Repository (AWR) とは

ADDMの判断材料となる、データが格納されているリポジトリを**Automatic Workload Repository (AWR)** と呼びます。AWRの実態は、SYSAUX表領域に存在する内部管理のテーブルと、その情報を見やすくしたデータディクショナリです。

AWRのデータは、MMON（管理性モニタープロセス）というバックグラウンドプロセスが収集しています。

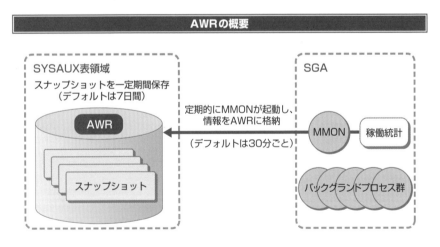

AWRの概要

AWRで提供されるディクショナリ群を見てデータベースの稼働状況を把握することも可能ですが、それをもっと楽に行う方法が提供されています。

▶▶ AWRレポート

AWRの情報を使用して、インスタンスレベルの稼働統計をテキスト形式ないしHTML形式でまとめられたレポートを**AWRレポート**と呼びます。インスタンスのヘルスチェックによく使用されます。

AWRレポートをよりよく使用するために、デフォルトでは毎時0分にスナップショットという、その時点の稼働統計をAWRに格納する処理が実行されます。稼働統計は各アクションの累計地なので、x時時点のスナップショットとy時時点のスナップショットを始点と終点として指定し、y-xの差分を元にx時台のAWRレポートを作成します。スナップショットの取得間隔は、変更可能です。

また、手動でスナップショットを取得することもでき、負荷テストの前後でスナップショットを取得してテスト時間中のAWRレポートを作成することも可能です。

AWRレポートの冒頭部分 [*]

WORKLOAD REPOSITORY PDB report (PDB snapshots)

DB Name	DB Id	Unique Name	Role	Edition	Release	RAC	CDB
FEVN1POD	2242378146	fevn1pod	PRIMARY	EE	19.22.0.1.0	YES	YES

Instance	Inst Num	Startup Time	User Name	System Data Visible
fevn1pod2	2	06-Jan-24 06:33	C##CLOUD$SERVICE	NO

Container DB Id	Container Name	Open Time
2242378146	JBVZXONA1OOT60H_U5L40WZLXDRH6GHN	06-Jan-24 06:34

▶▶ ASHレポート

AWRのデータは、「DBA_HIST_」で始まる大量のディクショナリで構成されます。「HIST」は「HISTORY」の略で、稼働履歴を指します。スナップショットとは別に、このデータは常に収集されています。

このデータを使用して作成された、指定したセッション単位のパフォーマンスレポートのことを**ASHレポート**と呼びます。ASHは、**Active Session History**の略称です。AWRレポートは、インスタンス全体のパフォーマンスを確認するためのレポートですが、ASHレポートは指定セッション内で発行されたSQLのパフォーマンスを確認するためのレポートです。

---

[*] **AWRレポートの冒頭部分** 実際には非常に長い。

13-4

アドバイザ機能

　ADDM/AWRの仕組みを使用することで、データベースの稼働状況を改善するためのいろいろなアドバイスを得ることができます。本節では、どのようなアドバイスを受けることができるのかを解説します。

▶▶ アドバイザの種類

　13-2節で解説したADDMのアドバイザ機能には、下記のようなものが存在します。OEMでGUIで確認することも、コマンドラインでコマンド（SQL）ベースで確認することも可能です。

●SQLチューニング/アクセス・アドバイザ

　SQL文、実行計画[*]、アクセスパス[*]を診断して、問題のあるSQL文を抽出し、チューニング方法をアドバイスしてくれます。例えば、WHERE句の条件の指定方法や、索引の使用についての有用なアドバイスをしてくれます。また、マテリアライズドビューの作成のアドバイスも可能です。

　エンドユーザーから「レスポンスが遅い」などと指摘を受けてSQL文をチューニングする場合、これまではどのSQL文がボトルネックになっているのかをまず検出し、その後に適切なチューニングを行うというステップが必要でした。これらの作業を自動的に行う機能がOracle Databaseには備わっています。これまで最も大変だった、「問題となるSQL文の抽出」部分が自動化されるメリットはとても大きなものと言えましょう。

　ADDMの利用のためには、Diagnostic Packのライセンスが必要ですが、SQLチューニング・アドバイザを使用するためには、さらにTuning Packのライセンスが必要となります。

●セグメント・アドバイザ

　縮小可能なセグメントを探し、セグメント縮小[*]をアドバイスします。このとき、

＊**実行計画**　SQLを実行する際の処理方式（結合方法等）を実行前に作成したもの。6-3節「実行計画」を参照。
＊**アクセスパス**　表や索引、マテリアライズドビューなど、テーブルアクセスの際のデータ取り出し経路のこと。
＊**セグメント縮小**　Oracle Database 10g以降、ALTER TABLE … SHRINK SPACE文を使ってオンラインでセグメントを縮小できる。

将来のセグメント使用率の予測も考慮されます（将来のセグメント使用率の見積りのみを行うこともできます）。

●UNDOアドバイザ

現在のUNDO設定で発生しうる問題をレポートします。必要なUNDO表領域のサイズをアドバイスし、UNDO生成率や、トランザクションの長さを考慮したアドバイスをしてくれます。

●メモリーアドバイザ

SGAやPGAの利用内訳と、これらのサイズを変更した場合の該当スナップショット期間の性能改善シミュレーション結果を表示します。

●MTTR*アドバイザ

リカバリ目標時間を設定する初期化パラメータFAST_START_MTTR_TARGETの値を変更した場合の性能影響をシミュレーションした結果を表示します。

●パーティションアドバイザ

SQLアクセスアドバイザ内の機能で、パーティション化するとパフォーマンスが向上するデータベースオブジェクトを表示します。

＊MTTR　平均リカバリ時間。Mean time To Recoverの略。これが短いほど保守性が高いシステムと言える。

第 **14** 章

第Ⅲ部　Oracle Databaseの主要機能

その他の機能

本章では、今までのカテゴリでは解説できなかった Oracle
Database の機能として有用なものをいくつか紹介した
いと思います。これらの機能を活用することで、Oracle
Database をより便利に使いこなせ、場合によっては他社製
品を代替できるのでコスト削減につながります。

14-1

Oracle REST Data Service（ORDS）

REISTでのアクセスが基本となるデータベースが登場する中、当然ながら Oracle Databaseにも同様の需要が生まれています。それを実現するのが、本節で紹介するOracle REST Data Serviceです。

▶▶ Representational State Transfer（REST）とは

RESTはRepresentational State Transferの略称で、Webサービスの設計モデルの一種です。

RESTは、下記の4種類の原則を満たすWebサービスですが、大雑把には「https://api.shuwasystem.co.jp/books?id=1001」のようなHTTP(S)リクエストを処理対象のサーバーに発行して、処理結果のJSONを取得する処理といった理解で実務的には問題ありません。

●セッション管理を行わず、1回のやり取りで処理が完結する

Webでよく用いられるHTTPは、セッション管理の機能を持ちません。

●操作命令の体系があらかじめ定義・共有されている

HTTPのPOSTやGETのメソッドがよく用いられています。

●すべての情報は汎用的な構文で一意に識別される

URI（URL）がよく用いられます。

●情報の一部として、別の状態や別の情報への参照を含めることができる

昨今のRESTでは、基本的にJSONを用いるケースが大半です。XMLやHTMLなどの利用も可能です。

▶▶ Oracle REST Data Service（ORDS）の概要

Oracle REST Data Service（ORDS）は、Oracle Databaseとは独立した製品ですが、Oracle Databaseのライセンスがあれば無償で利用可能です。製品名の通り、Oracle DatabaseへのRESTアクセスを可能にするのがORDSの役割です。ブラウザ等の処理要求元からのRESTアクセスをSQLに変換し、処理結果をJSONに変換して処理要求元に戻します。

ORDSの実態は、Javaアプリケーションサーバー上で稼働するJavaアプリケーションです。ORDSにはJettyというアプリケーション実行環境が同梱されているのでORDS単体でも稼働が可能ですが、Jetty を使用せず、JavaアプリケーションサーバーであるOracle WebLogic ServerやApache Tomcatの上で稼働させることもサポートされます。

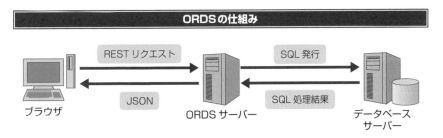

ORDSの仕組み

▶▶ ORDSの機能

ORDSは、DMLは当然ながらDDLにも対応しています。つまり、データベースオブジェクトの作成や変更などもRESTで行うことが可能です。また、ストアドプログラムの呼び出しも可能です。極端ですが、PL/SQLを書くことができるならば、ORDSがあればPL/SQLのみでWebシステムを構築することも可能です。

ORDS経由のアクセスを手動設定することも可能ですが、表を作成すると対応するREST APIを自動生成する**AutoREST**という機能や、ユーザー認証の機能も提供されています。

また、ORDSは次節で解説する**APEX**のエンドポイント（接続口）の機能も持っています。

第14章　その他の機能

14-2
Oracle Application Express（APEX）

Oracle WebDB、Oracle HTML DBと受け継がれてきた、Webブラウザだけでoウェブベースのアプリケーションを作成できるツールの最新版が、Oracle Application Express（APEX）です。

▶▶ Oracle Application Express（APEX）の概要

Oracle Application Express（APEX）は、Webブラウザを使ってWebベースのアプリケーションを作成できるツールで、PL/SQLを使って作成されています。

APEXは、Oracle Databaseに含まれていますが、Oracle Databaseとは独立して開発されており、Oracle Databaseとは異なるタイミングで新バージョンがリリースされ、新バージョンに置き換えることが可能です。

WebブラウザからAPEX環境にアクセスするためには、Oracle REST Data Services（ORDS）と呼ばれるAPEXアクセス専用のアプリケーション・サーバーを導入する必要があります。

▶▶ APEXの特徴

APEXは、Webアプリケーションを開発するツールと説明しましたが、あまり複雑なアプリケーションを作成することを期待しない方がベターです。

複雑なアプリケーションは、JavaやASP.NETを使った方が、より効率よく作成できるでしょう。オラクル社でも、APEXの使い方として、スプレッドシートからの移行や簡単なデータ共有・編集アプリケーションを挙げています。

APEXでは、Excelに登録されているデータをマイグレーション（移行）するためのメニューが用意されています。このメニューを用いると、Excelシート上のデータ部分をコピー＆ペーストするだけで、データベース上に表を作成し、データを登録して、そのデータを参照・編集するためのアプリケーションが自動的に作成さ

れます。

　また、APEXでは、データを検索したり登録したりするアプリケーションだけでなく、帳票の作成も可能になっています。HTML形式やPDF形式の帳票を出力することが可能です。

▶▶ APEXを手軽に試す

　とにかくAPEXがどのようなものか体験したいという方は、下記のオラクル社のWebサイトを訪ねてみるといいでしょう。

▼ Application Expressお試しサイト

```
https://apex.oracle.com/ja/
```

　このサイトでは、テスト用のアカウントを登録することで、APEXの機能を自由に体験できるようになっているのです。

　インストールせずに、機能を体験するには最適ですから、一度訪れてみてください。

Application Expressお試しサイト

14-3

Oracle Text

Oracle Databaseは、テキスト系のデータ型や外部のファイルをインプットとした全文検索の機能をOracle Textという名称で提供しています。

▶▶ Oracle Textの概要

Oracle Textはいわゆる全文検索エンジンですが、下記のような特徴を持っています。

●テキストをSQL演算子で検索

レコード内のデータに対してテキスト索引付与し、それを「列名　CONTAINS キーワード」というSQL演算子でテキスト検索することが可能です。最近のOracle Databaseではテキスト型の長さの上限が32767バイトになっており、相当な長さのテキストでも検索が可能になっています。それ以上の長さのテキストもCLOB型に格納することでテキスト索引の対象にできます。

●様々なファイルの索引作成とテキスト検索

BLOBにあるバイナリファイルやデータベースの外にあるファイルも索引の作成とテキスト検索の対象にできます。ファイルがデータベースの外にある場合は、ファイルの格納パスやURLを列データとして格納します。対応しているファイル形式は、テキストファイル以外にもマイクロソフト文書やPDF、画像ファイルなど多岐にわたります。

●シソーラス辞書の作成

シソーラス辞書の作成が可能です。シソーラス辞書とは、類似の言葉、例えば「オラクルデータベース」に対して「オラクル」「oracle」「OracleDB」などをシソーラス辞書に同一の言葉として登録することで、「オラクル」で検索しても「オラクルデータベース」を検索結果とすることが可能になります。

14-4

地理情報とグラフ情報

Oracle Databaseでは、いわゆる地図情報を扱うことが可能です。また、通常グラフ*情報専用のデータベースで扱うようなグラフ情報もOracle Databaseでは扱うことが可能です。

▶▶ 地図情報

Oracle Spatialという機能で2次元・3次元の表現ができるデータを扱えるようになります。Oracle Spatialには、そのためのデータ型と関数群が提供されており、これらを使用するとGoogle Mapのようなアプリケーションを作成することが可能です。また、3次元の情報も扱えるので、緯度経度に加えて高さの情報も持つことが可能です。

▶▶ グラフ情報

Oracle Graphという機能で、データの共有や相互利用に長けた**プロパティグラフ（RDFグラフ）**とデータの分析に長けた**セマンティックグラフ**の両方を表の中で扱うことが可能です。また、プロパティグラフとセマンティックグラフの相互変換も可能です。

 COLUMN サンプルスキーマ

Oracle DatabaseではSQLの動作確認のためのサンプルのデータを格納しているテーブルのスキーマが存在しますが、自分でインストールする必要があります。インストールするためのSQLスクリプトは、https://github.com/oracle-samples/db-sample-schemas/releasesより、利用するバージョンのものをダウンロードすることが可能です。Oracle Database 23cではHR（Human Resources：人事）、CO（Customer Orders：注文）、SH（Sales History：営業）というスキーマが存在します。ダウンロードしたファイルには、ほかにもスキーマが存在しますが、アーカイブ扱いとなっています。

---

* **グラフ**　データとデータ間の関係を表現する理論。グラフデータベースはグラフ理論に基づいたデータを扱えるデータベース。

14-5

JSON/XML対応

Oracle Databaseでは、JSONのデータやXMLのデータも専用のデータ型で扱うことが可能です。XMLについては、利用が下火になってきた感もありますが、現在主流のJSONは23cになっても新機能が追加されるなど、対応の強化が続いています。

▶▶ JSONの概要

JSON（JavaScript Object Notation）は、CSVやXMLなどと同様、テキストベースのデータフォーマットの一種です。Webアプリケーションで広く利用されている言語であるJavaScriptで使用されているフォーマットであることと、前節のXMLに比べ簡便に記述することができ、配列の表現などもできることから、現在テキストベースのデータフォーマットの主流となっています。

▼JSONの記述例*

```
{ "PONumber"              : 1600,
  "Reference"             : "ABULL-20140421",
  "Requestor"             : "Alexis Bull",
  "User"                  : "ABULL",
  "CostCenter"            : "A50",
  "ShippingInstructions"  : { "name"    : "Alexis Bull",
                              "Address": { "street"   : "200 Sporting Green",
                                           "city"     : "South San Francisco",
                                           "state"    : "CA",
                                           "zipCode"  : 99236,
                                           "country"  : "United States of America" },
                              "Phone" : [ { "type" : "Office", "number" : "909-555-7307" },
                                          { "type" : "Mobile", "number" : "415-555-1234" } ] },
  "Special Instructions" : null,
  "AllowPartialShipment" : false,
  "LineItems"            : [ { "ItemNumber" : 1,
                               "Part"        : { "Description" : "One Magic Christmas",
                                                 "UnitPrice"   : 19.95,
                                                 "UPCCode"     : 13131092899 },
                               "Quantity"  : 9.0 },
                             { "ItemNumber" : 2,
                               "Part"        : { "Description" : "Lethal Weapon",
                                                 "UnitPrice"   : 19.95,
                                                 "UPCCode"     : 85391628927 },
                               "Quantity"  : 5.0 } ] }
```

＊JSONの記述例　引用元：https://docs.oracle.com/cd/F19136_01/adjsn/json-data.html#GUID-FBC22D72-AA64-4B0A-92A2-837B32902E2C

▶▶ JSON対応の概要

Oracle Databaseには、**JSON型**というJSON形式のデータを格納するための専用のデータ型が存在します。もちろんVARCHAR2型やCLOB型といった従来から存在するデータ型でも格納は可能なのですが、JSON型を使用すると下記のような利点があります。

●JSON形式のデータであることが保証される

格納時にデータがJSON形式かどうかのチェックが入り、JSON形式のデータであることが保証されます。ただし、VARCHAR2型やCLOB型でも「IS JSON」というJSON型かどうかを判断する条件があり、CHECK制約でこの条件を指定することでJSON形式であることを保証することは可能です。とはいえ、JSON型であれば制約を追加しなくてもJSON形式であることが保証できます。

●格納データ容量が少ない

特に人が見やすい形にすると、JSON形式のデータはスペースが多く含まれ、整形されたJSONのままVARCHAR2型やCLOB型に格納した場合はデータ量が増えてしまいます。一方、JSON型の場合、格納時にスペースや括弧などデータとしては不要な部分を取り除き、OSON形式と呼ばれる独自の形式でJSONを格納するので、格納データ容量を減らせます。

●索引の付与

個々の値に対して索引の付与が可能です。

●SQL関数、PL/SQLパッケージ

JSONをハンドリングするためのSQL関数やPL/SQLパッケージが追加されています。

第14章 その他の機能

▶▶ JSON Duality View

Oracle Database 23cから、**JSON Duality View**という機能が追加されました。このビューは、普通の表に対して専用の構文でJSON形式のビューを作成することにより、そのビューを検索するとJSON形式でデータが戻ることはもちろん、ビューに対してJSON形式で更新を行うと普通の表に対する更新を内部的に実施します。

つまり、既存のシステムをそのまま、JSON対応にすることができます。これにより、業務システムを少しずつJSON対応したり、データベースを作り直さずにJSON対応させたりすることが可能になります。

▶▶ Simple Oracle Document Access (SODA)

JSON型を使用すると、Oracle DatabaseをJSONドキュメントストア型のデータベースとして使用することが可能です。その場合のアクセスAPIが**Simple Oracle Document Access (SODA)** です。つまり、Oracle DatabaseをJSONドキュメントストア型のデータベースとして使用する場合は、表へのアクセスにSQLが不要になります。

SODAには、REST形式のAPIと、一部のアクセスドライバでSODAのAPIを提供しています。**JSON Duality View**に対するSODAでのアクセスも可能ですので、この機能を使用すると同一の表に対するSQLアクセスとSODAアクセスの両立が可能です。

▶▶ XMLの概要

XML (eXtensible Markup Language) は、Extensible (＝伸張性のある) という単語の通り、自己拡張ができるマークアップ言語*の1つです。XMLにおいては、文書の作成者自身が文書構造を決定するための規則を自由に定義できます。

インターネットの本格的な普及につれ、EC*が盛んになり、ECにおける標準的なドキュメント仕様としてXMLは注目されることになりました。インターネット標準化組織であるW3C (World Wide Web Consortium) は、「XMLは、Web

---

* **マークアップ言語**　markup language。色やサイズ、書体などの文字のタイプや、レイアウト、ハイパーリンク情報などを文書中に記述してある言語のこと。

* **EC**　電子商取引のこと。electronic commerceの略。

上の構造化文書およびデータに対する汎用フォーマットである」と述べています。

　XML自体の見た目は、HTMLなどにも似ています。どちらもマークアップ言語ですので、当然と言えば当然です。HTMLは、<td>や<p>といったタグで文字列を囲って表現します。これら個々のタグにはあらかじめ意味が設定されていて、<p>と</p>で囲まれた部分は「パラグラフ」である、などように文法が定められています。

　XMLでは、このタグ自体をユーザーが自由に定義できます。ですから、データベース内のある表の情報を展開しようと思えば、XMLの記述法に従って、それぞれの列の見出しに相当するようなタグを設定し、好きなように表現することが可能です。例えば、次のような例です。

▼XMLの使用例

```
<NAME>小津安二郎</NAME>
<TEL>000-000-000</TEL>
…
```

XML対応の概要

　Oracle Databaseでは、9iより**XMLType型**というXML形式のデータを格納するための専用のデータ型が存在します。JSON型と同様、格納時のXML形式チェックやデータを分解して格納データ量を減らしたりすることが可能です。もちろん、XMLをハンドリングするためのSQL関数やPL/SQLパッケージも用意されています。

　また、XML形式の文書の構造を定義するXML Schemaにも対応しており、文書の構造を強制したり、データの変換に利用したりすることが可能です。

　データの変換のためにXML形式文書を別のXML形式文書やCSVなどに変換するための規格であるXSLTにも対応しており、XMLに要求される規格や機能を一通り取り揃えています。

14-6
旧バージョンからの
アップグレード

Oracle Databaseには長い歴史があり、過去のバージョンを現役で使っている現場も少なくありません。しかし、ベンダーからの公式サポートはある時点で打ち切られますので、アップグレードという課題はいつか出てきます。ここでは過去のバージョンからのアップグレードについて説明します。

▶▶ アップグレードの概要

古いバージョンのOracle Databaseから最新のOracle Database 23cへアップグレードする方法は、以下の3種類に大別されます。

どちらの場合も、実行ファイルなどOracle Database 23cのソフトウェアは事前にインストールしておく必要があります。

① アップグレードユーティリティを使用して、データベースを直接最新版に更新
② 旧バージョンのデータベースのデータを抜き出し、新バージョンのデータベースに移行
③ AutoUpgrade、Zero Downtime Migration といった移行ツールを使用

データベースのアップグレードに関しては、日本オラクル社から「アップグレード・ガイド*」というマニュアルがWebサイトに用意されていますので、ご参照ください。

▶▶ アップグレードユーティリティによるアップグレード

Oracle Database 19c には、**Database Upgrade Assistant (DBUA)** と呼ばれるGUIベースのアップグレードユーティリティと、コマンドベースのアップグレードユーティリティが存在します。

ただし、これらを使用してアップグレードが可能なバージョンは、19cおよび

---

*アップグレード・ガイド** まだ23cの正式なマニュアルは存在しない。フリー版のアップグレード・ガイドのマニュアルは、次のURL（https://docs.oracle.com/cd/F82042_01/upgrd/index. html#Oracle%C2%AE-Database）を参照。

21cに限られています。18c以前のバージョンは、いったん19cもしくは21cへのバージョンアップを挟む必要があります（Oracle10gより古いバージョンの場合、3段階になるケースもあります）。

　途中のアップグレードでの動作確認の工数などを考慮すると、直接アップグレードが可能なバージョンでない場合は、最初からデータの移行によるアップグレードを実施した方がよさそうです。

▶▶ データの移行によるアップグレード

　データを移行してアップグレードする方法としては、多くの方法が用意されています。

●データのアンロード/ロードによるデータ移行

　Oracle Databaseには、SQL*Loaderというロード用のユーティリティがありますが、アンロードはアプリケーションを自作するか、クライアントツール（SQL*Plus、SQLcl、SQLDeveloperなど）のアンロード機能を使用します。

●データベースリンクを使ってSQLベースで移行

　データベースリンク*を使って、新旧のデータベース間でCREATE TABLE AS SELECT文や、事前に作成したテーブルに対してINSERT SELECT文を実行する方法です。

　ただし、移行元データベースと移行先データベースが同じマシンに存在するか、ネットワーク接続されているマシンに存在している必要があります。また、対応しているバージョンに制限があります。

●Export/Importによるデータ移行

　Export/Importは、独自形式の中間ファイル（ダンプファイルと呼ばれます）にアンロード（Export）/ロード（Import）するユーティリティです。Oracle5以降であれば、このツールを使ってデータの移行が可能です。ストアドプログラム*などのデータ以外のオブジェクトの移行も可能です。移行の際、一番よく利用さ

*データベースリンク　12-1節「データベースリンク」を参照。
*ストアドプログラム　データベースに対する一連の処理をまとめておき、あらかじめデータベースに格納しておくプログラム。4-8節「ストアドプログラム」を参照。

れている方法です。

現在は、旧バージョンのダンプファイルのImportの目的のみで使用されます。

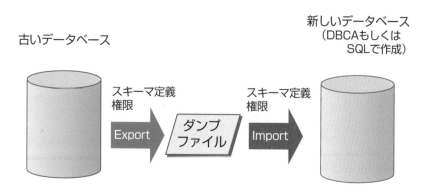

Export/Importによるデータ移行

● **Data Pump（Data Pump Export/Import）によるデータ移行**

Data Pumpは、Oracle Database 10g以降に付属している、Export/Importの後継となるロード / アンロードユーティリティです。処理を内部的に並列実行できるなど、Export/Importよりも高機能です。

移行元がOracle Database 10g以降の場合は、Data Pumpを用いるとよりシンプルな移行が可能です。

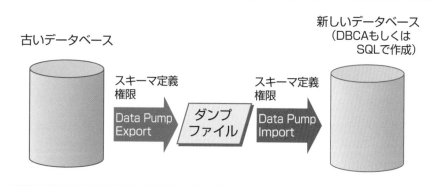

Data Pumpによるデータ移行

●トランスポータブル表領域（TTS）によるデータ移行

　Export/ImportやData Pumpの場合、基本的にいったんダンプファイルを作成する必要があるため、データベースが大きいほど移行時間も多くかかりやすくなります。

　また、Export/ImportやData Pumpの機能なのですが、**トランスポータブル表領域**（TTS）は、データベースのデータファイルをそのままコピーして使い、メタデータのみをExport/Importするため、比較的短い時間での移行が可能となります。

　ただし、データファイルをそのまま使う都合上、細かい制限があるため、移行が可能かどうかの事前調査を行う必要があります。

トランスポータブル表領域によるデータ移行

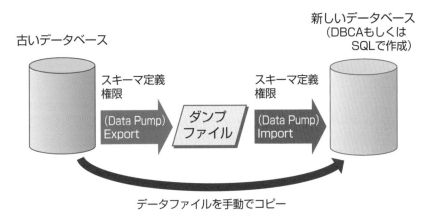

●レプリケーション・ツールによるデータ移行

　複数のデータベースの内容を同期するツールを使用して移行します。オラクル社からはOracle GoldenGate *という製品が提供されています。Oracle Databaseを対象にした同様のツールは、オラクル社以外からも発売されています。

第14章　その他の機能

＊ **Oracle GoldenGate**　12-4節「Oracle GoldenGate（GG）」を参照。

●PDBベースの移行

　Oracle Database 21c以降は、移行元がプラガブルデータベース（PDB）＊の場合、PDBのクローン機能で新規バージョンにPDBごとクローニング＊してから新規環境で該当PDBをオープンすると、自動でアップグレードが実行されます。つまり、データベースをファイルごと移行するだけでアップグレードが可能になります。

▶▶ 移行ツールによるアップグレード

　移行ツールによるアップグレードする方法としては、**AutoUpgrade**、**Zero Downtime Migration**が用意されています。

●AutoUpgrade

　新しいタイプのアップグレードユーティリティです。アップグレードユーティリティより移行対象バージョンの制限が緩くなっています。バージョンアップの可否が可能かどうかを検証する機能も提供されています。移行自体は、1コマンドで実施でき、ほかの手法より楽に移行できます。

●Zero Downtime Migration

　Oracle Data Guard＊（物理移行）もしくはGoldenGate（論理移行）を内部的に利用して、ダウンタイムを極小化した移行が可能なツールです。また、Oracle Cloud上ではDatabase Migration Serviceという名称でサービスとして提供されています。

　GoldenGateで長期に同期を継続した場合などの例外はありますが、ツールもクラウドサービスも基本的には無償で利用可能です。

＊**プラガブルデータベース**　7-1節「マルチテナント」を参照。
＊**クローニング**　7-2節「PDBのクローニング」を参照。
＊**Data Guard**　11-3節「Oracle Data Guard」を参照。

索 引
INDEX

A

ACID特性 ················· 135,136
Active Data Guard(ADG) ···· 21,202
Advanced Compression Option(ACO)
·························21,158,178
Advanced Security Option(ASO)
··············· 21,165,168,169,178
Advertising and Customer Experience
(CX) ·························· 34
ALTER DATABASE文 ········ 86,201
ALTER文 ······················ 53
Always Free ··················· 45
Apache Kafka·············· 219,221
APEX ··························236
Application Continuity(AC) ······· 194
Application Performance Monitoring
(APM) ························ 40
ARCn ·······················64,65
ASH ·························· 131
ASHレポート ·················230
Automatic Data Optimization ···· 153
Automatic Database Diagnostic
Monitor(ADDM) ··············227
Automatic Storage Management
(ASM) ·················· 74,191
Automatic Workload Repository
(AWR) ·················227,229
Autonomous Database(ADB) ··42,45
AutoUpgrade ····················248
Availability Domain(AD) ·········· 30

B

Base Database ················· 41
Block Volume ··············36,45

C

Cache Fusion ·················· 193
Cache with Redis ··············· 43
Container Database(CDB) ·· 138,140
CDB構成 ··················138,139
CDBビュー ····················126
CIDR····························· 35

CKPT·······················64,65
COMMIT文 ··················76,77
Compute ···················36,45
Container Instances ············· 44
CPU個数 ······················ 36
CPUソケット数 ···················· 23
CREATE SESSION権限 ··········· 164
CREATE USER文 ················ 80
CREATE文 ····················· 53

D

Data Pump ········59,132,151,246
Database Resident Connection Pool
(DRCP) ······················ 117
Database Upgrade Assistant
(DBUA) ······················244
Database Vault ·············· 21,170
DBSNMPユーザー ················· 81
DBWn ························· 64
DBWR ························· 63
DCL ·························· 53
DDL ·························· 53
DELETE文 ·················· 53,151
DML ······················ 53,151
Dnnn ························ 64
DNS ························· 40
DROP TABLE文·················185
DROP文 ······················· 53
DUAL表 ·····················208
Dynamic Routing Gateway
(DRG) ························ 35

E

ECPU ························· 42
Engineered Systems ········ 15,196
Enterprise Manager Cloud Control
·························224,225
Essbase ······················· 14
Events····························· 39
Exadata ··················· 25,118
Exadata Database(ExaDB) ······· 41
Exadata Database at Customer ··· 29

索引

Export/Import ···················· 245

F

FastConnect ····················· 36
Fault Domain(FD) ··············· 31
File Storage ···················· 37
Flashback Archive ·········· 186,187
Flashback Data Archive ········· 159
Flashback Database ··· 182,184,187
Flashback Drop ············· 182,185
Flashback Query ··········· 182,187
Flashback Table ······· 182,185,187
FLASHBACK TABLE文 ··········· 185
Flashback Time Travel ······ 182,186
Flashback Transaction Query ···· 183
Flashback Version Query ········ 183
Fn Project ·····················44,46
FOR文 ························· 54
Functions ······················ 44
Fusion Cloud ERP ··············· 33
Fusion Middleware ··············· 15

G

GraalVM ······················· 46
GRANT文 ······················· 82

H

Helidon ························ 46
High Availability ················ 207
HTAP処理 ······················ 43
Human Capital Management ······ 34
Hybrid Columner Compression···· 159

I

IaaS ·························28,35
Identity and Access Management
································· 37
Identity Domains ················ 37
IF文 ·························· 54
INSERT文 ···················· 53,151

J

Javaアプリケーション ·············· 40
Javaプール ······················ 59
Jetty ························234
JPOUG ························ 191

J (right column)

JSON ·······················19,240
JSON Duality View ··············242
JSON型 ····················92,241

L

LGWR ·························64,73
Load Balancer ················35,45
LOBセグメント ················· 68
LOBデータ ····················· 159
Logging ························ 39
Logging Analytics ··············· 39

M

MERGE文 ························ 53
MMON ··························229
Monitoring ····················· 38
MTTRアドバイザ ················232
MySQL ························· 14
MySQL Database Service(MDS)
································· 43
MySQL HeatWave ··············· 43

N

Named User Plusライセンス ······· 22
Network Firewall ················ 38
NewSQL ························ 49
Non-CDB構成 ·················· 138
NoSQL Dastabase ············14,48
NOT NULL制約 ·················· 106
Notifications ···················· 39
NULL ············· 92,173,181,217

O

Object Storage ················37,45
Oracle Alloy ···················· 29
Oracle Application Express(APEX)
································236
Oracle Client ·············· 108,111
Oracle Cloud ··················24,28
Oracle Cloud World(OCW) ········ 65
Oracle Clusterware ·········· 25,191
Oracle Container Engine for
  Kubernetes(OKE) ············· 44
Oracle Data Guard ·········· 159,197
Oracle Database ················· 12
Oracle Database 23c ·········· 13,19

Oracle Database Applicance ····· 171
Oracle Database Plug-in ···· 224,225
Oracle Dedicated Region·········· 29
Oracle Enterprise Manager(OEM)
···················20,179,224,225
Oracle Exadata Database Machine
····························· 118,159
Oracle Fusion Cloud Applications ·· 33
Oracle GoldenGate(GG)
····················· 199,220,247
Oracle Graph ····················239
Oracle Grid Infrastructure(GI) 25,191
Oracle Linux ···················· 24
Oracle Live SQL ··········· 141,146
Oracle Management Server(OMS)
···························224,225
Oracle Net Services ········ 110,111
Oracle NetSuite··················· 34
Oracle NoSQL Database Service ·· 43
Oracle REST Data Service(ORDS)
···························234,236
Oracle SCM····················· 33
Oracle Software Delivery Cloud··· 188
Oracle Spatial····················239
Oracle Text ····················238
Oracle Universal Installer(OUI) ··· 111
Oracle Wallet ···················· 168

P

PaaS ························· 28
Patch Set Release················ 26
Pay As You Go(PAYG) ·········· 30
Pluggable Database(PDB)
····················· 138,140,248
PDBクローン ··············· 142,143
PDBシード ·················· 141,148
PFILE························· 120
PGA ························58,62
PL/SQL············· 53,103,236
PMON ·····················63,64
Point-in-Timeリカバリ············· 184
PostgreSQL ··················· 43
Procedural Language/SQL ········ 53
PSR ························· 26
PUBLICスキーマ············· 87,100

Q

Queue ·························· 44

R

RDBMS····························· 12
RDFグラフ ·······················239
Real Application Clusters(RAC)
····················· 21,59,192,194
RECO ·····················64,65
RECOVER ····················· 86
Recovery Manager ····· 176,178,179
REDOログバッファ················· 73
REDOログファイル····· 64,72,73,140
Representational State Transfer
  (REST) ·······················234
REVOKE文···················· 82
RMAN ················ 176,178
ROLLBACK文 ················76,77

S

SaaS ·················· 15,28,33
SAVEPOINT文 ················77,78
Search with OpenSearch·········· 43
Security Zones ················· 38
SELECT文 ················ 53,151
SGA ············· 58,64,193,229
SGA_TARGET ················· 120
SHUTDOWN ···················· 86
SID ························· 58
Simple Oracle Document Access
  (SODA)························242
SMON ·······················63,64
SPFILE ························ 120
SQL ····················· 12,51
SQL Developer············· 134,135
SQL Plan Management(SPM) ···· 161
SQL Workbench ················226
SQL*Loader··········· 132,151,245
SQL*Plus ················ 125,134
SQLcl·························135
SQL演算子 ·····················238
SQL関数 ······················· 98
SQLチューニング ·················231
SQLトレース ···················· 131
SQLヒント句 ····················160
Stack Monitoring ················ 38

Standard Edition High Availability
　(SEHA)・・・・・・・・・・・・・・・・・・・・208
STARTUP ・・・・・・・・・・・・・・・・・・・・ 86
Streaming ・・・・・・・・・・・・・・・・・・・ 44
SYSAUX表領域 ・・・・・・・・・・ 69,71,229
SYSDBA権限 ・・・・・・・・・・・・・・・・・ 88
SYSMANユーザー ・・・・・・・・・・・ 81,226
SYSTEM表領域 ・・・・・・・・・・・・・・69,71
SYSユーザー ・・・・・・・・・・・・81,161,170

T

TimesTen・・・・・・・・・・・・・・・・・・・・・・ 14
tnsnames.ora ・・・・・・・・・・・・・ 109,110
Transaction Guard ・・・・・・・・・・・・・・ 194
Transactional Event Queue(TED)
・・・・・・・・・・・・・・・・・・・・・・・・ 218,219
Transparent Data Encryption・・・・・ 168
TRUNCATE文・・・・・・・・・・・53,153,213

U

UNDOアドバイザ ・・・・・・・・・・・・・・・232
UNDO表領域 ・・・・・・・・・・・・ 69,71,140
UNDOセグメント ・・・・・・・・・・・・・・68,76
Universal Credit(UC) ・・・・・・・・・・・・ 30
UNPLUGコマンド・・・・・・・・・・・・・・・142
UPDATE文 ・・・・・・・・・・・・・・・・・ 53,151
UUID ・・・・・・・・・・・・・・・・・・・・・・・・ 98

V

V$SESSION ・・・・・・・・・・・・・・・・・ 126
Vault ・・・・・・・・・・・・・・・・・・・・・・・・ 37
Virtual Cloud Network(VCN) ・・・・・・ 35
VMWare/VMotion・・・・・・・・・・・・・・・ 24

W

Wait Event・・・・・・・・・・・・・・・・・・・227
Web Application Firewall(WAF) ・・・・ 40
WHILE文・・・・・・・・・・・・・・・・・・・・・ 54

X

XML ・・・・・・・・・・・・・・・・・・・・・・・・242
XMLType型・・・・・・・・・・・・・・・・・・・243

Z

Zero Downtime Migration ・・・・・・・・248

あ行

アーカイブ・・・・・・・・・・・・・・・・・・・・・ 73
アーカイブログファイル
・・・・・・・・・・・・・・・・・・ 64,73,177,179
アクセス・アドバイザ ・・・・・・・・・・・・・231
アクセスドライバ ・・・・・・・・・・・・ 108,110
アクセスパス・・・・・・・・・・・・・・・・・・・231
アップグレード・・・・・・・・・・・・・・・・・・244
アドバイザ・・・・・・・・・・・・・・・・・・・・・231
アトリビュート・・・・・・・・・・・・・・・・・・・ 49
アプライアンス・・・・・・・・・・・・・・・・・・ 29
アプリケーションPDB ・・・・・・・・・・・・・147
アプリケーションコンテナ ・・・・・・・・・・147
アラートログ・・・・・・・・・・・・・・・・・・・130
暗号化・・・・・・・・・・・・・・・・・・・ 168,169
一意キー制約・・・・・・・・・・・・・・・・・・105
一時表領域・・・・・・・・・・・・・・・・・・69,71
　時セグメント・・・・・・・・・・・・・・・・・・ 68
イミュータブル表・・・・・・・・・・・・・・・・173
インスタンス ・・・・・・・・・・・・・ 25,39,57
インスタントクライアント ・・・・・・・・・ 111
インターバル・パーティション ・・・・・・156
インポートユーティリティ ・・・・・・・・・132
インメモリ・・・・・・・・・・・・・・・・・・・・・ 25
運用管理・・・・・・・・・・・・・・・・・・・・・ 15
エクステント ・・・・・・・・・・・・・・・・66,67
エクスポート ・・・・・・・・・・・・・・・・・・132
エクスポートユーティリティ ・・・・・・・・132
エグゼキュータ・・・・・・・・・・・・・・・・・128
エスティメータ ・・・・・・・・・・・・・・・・・127
エディション ・・・・・・・・・・・・・・・・・・・ 20
エドガー・F・コッド ・・・・・・・・・・・ 49
エンキュー・・・・・・・・・・・・・・・・・・・・218
オブジェクト権限 ・・・・・・・・・・・・・・・ 82
オプティマイザ ・・・・・・・・・・・・・・・・・127
オフラインバックアップ ・・・・・・・・・・・176
親表/親テーブル ・・・・・・・・・・・・・・・106
オラクル社・・・・・・・・・・・・・・・・・・・・ 14
オンラインREDOログファイル・・・・・・177
オンラインバックアップ ・・・・・・・・・・・176

か行

外部キー制約・・・・・・・・・・・・・・・・・・106
外部認証・・・・・・・・・・・・・・・・・・・・・165
外部表・・・・・・・・・・・・・・・・・・・・・・・133
仮想化環境・・・・・・・・・・・・・・・・・・・ 23

カタログ・・・・・・・・・・・・・・・・・・・・・・・・ 123
簡易接続ネーミング・メソッド
・・・・・・・・・・・・・・・・・・・・・・・ 113,115
環境変数・・・・・・・・・・・・・・・・・・・・・・・・ 131
監査・・・・・・・・・・・・・・・・・・・・・・・ 37,166
監査証跡・・・・・・・・・・・・・・・・・・・・・・・ 166
管理者パスワード・・・・・・・・・・・・ 161,167
管理者ユーザー・・・・・・・・・・・・・・・・・・ 80
期間データ型・・・・・・・・・・・・・・・・・・・・ 92
共有サーバープロセス・・・・・・・・・ 62,64
共有データベースリンク・・・・・・・・・・ 213
共有プール・・・・・・・・・・・・・・・・・・・・・・ 64
共有プールREDOログバッファ・・・・・・・ 64
共有ライブラリ・・・・・・・・・・・・・・・・・・ 104
行ロック・・・・・・・・・・・・・・・・・・・・ 16,17
クエリーリライト・・・・・・・・・・・・・・・・ 216
クライアントプロセス・・・・・・・・・・・・ 62
クラウドサービス・・・・・・ 28,33,35,41,45
クラスタウェア・・・・・・・・・・・・・ 190,207
グラフ情報・・・・・・・・・・・・・・・・・・・・・ 239
クローニング・・・・・・・・・・・・・・・ 142,248
グローバル索引・・・・・・・・・・・・・・・・・ 157
グローバルデータベース名・・・・・・・・・ 210
グローバルネーミング・・・・・・・・・・・・・ 210
結果キャッシュ・・・・・・・・・・・・・・・・・・ 59
権限・・・・・・・・・・・・・・・・・・・・・・・・・・・ 82
コア係数・・・・・・・・・・・・・・・・・・・・・・・ 23
コア数・・・・・・・・・・・・・・・・・・・・・・・・・ 23
公開鍵方式・・・・・・・・・・・・・・・・・・・・ 162
高可用性・・・・・・・・・・・・・・・・・ 192,207
高可用性構成・・・・・・・・・・・・・・・・・・・ 17
構成情報・・・・・・・・・・・・・・・・・・・・・・・ 72
コーディネータープロセス・・・・・・・・・ 150
コールドクローン・・・・・・・・・・・・・・・ 143
固定ユーザーリンク・・・・・・・・・・・・・・ 212
コネクションプーリング・・・・・・・ 116,117
コネクションプール・・・・・・・・・・・・・・・ 62
子表/子テーブル・・・・・・・・・・・・・・・・ 106
コミット・・・・・・・・・・・・・・・・・・・・・・・ 76
コンテナデータベース・・・・・・・・ 138,140
コンバージド・データベース・・・・・・・・ 16
コンパートメント・・・・・・・・・・・・・・・・ 31
コンポジットシャーディング・・・・・・・・ 206
コンポジットパーティション・・・・・・・・ 155

さ行

サーバープロセス・・・・・・・・ 62,150,179
サーバーレス製品・・・・・・・・・・・・・・・・ 46
サービス・・・・・・・・・・・・・・・・・・・・・・ 108
サービス制限・・・・・・・・・・・・・・・・・・・ 32
サービス名・・・・・・・・・・・・・・・・・・・・ 114
再帰的SQL・・・・・・・・・・・・・・・・・・・・ 123
索引・・・・・・・・・・・・・ 93,151,157,238
索引セグメント・・・・・・・・・・・・・・・・・・ 68
索引の圧縮・・・・・・・・・・・・・・・・・・・・ 158
サブスクライバ・・・・・・・・・・・・・・・・・ 218
サブセット・・・・・・・・・・・・・・・・・・・・・ 86
サブパーティション・・・・・・・・・・ 152,155
差分増分バックアップ・・・・・・・・・・・・ 180
サポート契約・・・・・・・・・・・・・・・・・・・ 22
参照整合性制約・・・・・・・・・・・・・・・・ 106
シーケンス・・・・・・・・・・・・・・・・ 97,187
システムグローバルエリア・・・・・・・・・ 58
システムグローバル領域
・・・・・・・・・・・・・・・・ 58,64,193,229
システム権限・・・・・・・・・・・・・・・・・・・ 82
事前定義ロール・・・・・・・・・・・・・・ 84,85
シソーラス辞書・・・・・・・・・・・・・・・・・ 238
シッククライアント・・・・・・・・・・・・・・ 111
シックドライバ・・・・・・・・・・・・・・・・・ 112
実行計画・・・・・・・・・・ 127,160,161,231
実表・・・・・・・・・・・・・・・・・・・・・・・・・ 124
自動パフォーマンスチューニング・・・・・ 19
シノニム・・・・・・・・・・・・・・・・・・・・・・・ 99
シャーディング・・・・・・・・・・・・・・ 25,203
シャード・・・・・・・・・・・・・・・・・・・・・・ 203
主キー制約・・・・・・・・・・・・・・・・・・・・ 105
順序・・・・・・・・・・・・・・・・・・・・・ 97,187
冗長構成・・・・・・・・・・・・・・・・・・・・・・ 74
初期化パラメータ・・・・・・・・・・・ 120,226
シリアル処理・・・・・・・・・・・・・・・・・・ 150
シングルテナント・・・・・・・・・・・・・・・ 139
シンドライバ・・・・・・・・・・・・・・・・・・・ 112
スイッチオーバー/スイッチバック・・・ 198
数値データ型・・・・・・・・・・・・・・・・・・・ 91
スキーマ・・・・・・・・・・・・・・・・・・・・・・ 80
スケーラビリティ・・・・・・・・・・・・・・・ 195
スケールアウト・・・・・・・・・・・・・・ 49,195
スタンバイデータベース・・・・・・・ 197,199
ストアドプログラム・・・54,102,103,245
ストリームプール・・・・・・・・・・・・・・・・ 59

正規化・・・・・・・・・・・・・・・・・・・・・ 95
制御ファイル・・・・・・・・ 64,72,179,180
制約・・・・・・・・・・・・・・・・・・・・・・・ 105
セグメント・・・・・・・・・・・・・・・・・66,67
セグメント・アドバイザ・・・・・・・・・・ 231
接続子・・・・・・・・・・・・・・・・・・・・・ 114
接続識別子・・・・・・・・・・・・・・・・・ 211
接続ユーザリンク・・・・・・・・・・・・・・ 211
専用サーバープロセス・・・・・・・・・・ 62
ソフトパース・・・・・・・・・・・・・・・・・ 127

た行

多重化マテリアライズドビュー・・・・・ 216
タプル・・・・・・・・・・・・・・・・・・・・・・ 49
ダンプファイル・・・・・・・・・・・・・・・・ 245
チェック制約・・・・・・・・・・・・・・・・・ 106
地図情報・・・・・・・・・・・・・・・・・・・ 239
中間サーバー形式・・・・・・・・・・・・・・220
長期サポート・・・・・・・・・・・・・・・・ 26
ディクショナリキャッシュ・・・・・・・・・ 59
ディスク領域・・・・・・・・・・・・・・・・・ 75
データ圧縮・・・・・・・・・・・・・・・・・・ 158
データ型・・・・・・・・・・・・・・・・・90,91
データセグメント・・・・・・・・・・・・・・ 67
データディクショナリ・・・・・・・・ 59,123
データディクショナリビュー・・・・・・・ 124
データファイル・・・・・・・・・・・ 64,68,71
データブロック・・・・・・・・・・・・・・・・66,67
データベース管理者(DBA)・・・・・・・・ 168
データベースバッファキャッシュ・・・・・ 64
データベースリンク・・・・・・・・・ 210,245
データポイント・・・・・・・・・・・・・・・・ 38
データリンク・・・・・・・・・・・・・・・・・ 148
デキュー・・・・・・・・・・・・・・・・・・・ 218
デジタル証明書・・・・・・・・・・・・ 109,164
手続き型言語・・・・・・・・・・・・・・・・ 53
テナント・・・・・・・・・・・・・・・・・・・・ 30
透過的データ暗号化・・・・・・・・・・・・ 168
統計情報・・・・・・・・・・・・・19,129,227
統合監査・・・・・・・・・・・・・・・・・・・ 166
動的パフォーマンスビュー・・・・・・・・ 126
トランザクション・・・・・・・・ 48,53,76,77
トランスポータブル表領域・・・・・・・・・247
トリガー・・・・・・・・・・・・・・・・・・・・ 103
トレースファイル・・・・・・・・・・・・・・ 130

な行

認証・・・・・・・・・・・・・・・・・・・・・・ 164
ネイティブコンパイル・・・・・・・・・・・ 104
ネットワーク・アウトバウンド・・・・・・ 35
ネットワーク・ロードバランサー・・・・・ 35
ノード・・・・・・・・・・・・・・・・・・ 190,192

は行

パーティショニング・・・・・・・・・・・・ 154
パーティション・・・・・・・・・・・・・・・ 152
パーティションアドバイザ・・・・・・・・・232
ハードウェア仮想化・・・・・・・・・・・・ 23
ハードパース・・・・・・・・・・・・・・・・・ 127
バイナリデータ型・・・・・・・・・・・・・・ 92
バウンス・メール・・・・・・・・・・・・・・ 40
パスワード・・・・・・・・・・・・・・・・・・ 164
バックアップ・・・・・・・ 176,178,179,180
バックアップセット・・・・・・・・・・・・・ 176
バックグラウンドトレースファイル・・・ 130
バックグラウンドプロセス・・・・・・・・58,63
ハッシュ・・・・・・・・・・・・・・・・ 154,206
パッチ情報・・・・・・・・・・・・・・・・・・ 22
バッファキャッシュ・・・・・・・・・・・・ 25,59
パブリックシノニム・・・・・・・・・・・・・ 100
パブリッシャ・・・・・・・・・・・・・・・・・ 218
パラレルクエリー・・・・・・・・・・・・・・ 151
パラレル処理・・・・・・・・・・・・・ 150,153
ハンドリング・・・・・・・・・・・・・・・・・ 182
日付データ型・・・・・・・・・・・・・・・91,92
ビットマップインデックス・・・・・・・・・ 94
秘密鍵方式・・・・・・・・・・・・・・・・・ 162
ビュー・・・・・・・・・・・・・・・ 95,96,214
表・・・・・・・・・・・・・・・・・・・・・66,90
表領域・・・・・・・・・・・・・・・・・・・68,69
表ロック・・・・・・・・・・・・・・・・・・・ 17
ファットクライアント・・・・・・・・・・・ 111
ファンクション・・・・・・・・・・・・・・・ 103
フィールド・・・・・・・・・・・・・・・・・・ 90
フィジカル・スタンバイデータベース
・・・・・・・・・・・・・・・・・・・・・・ 199,200
フェイルオーバー・・・・・・・・・・・・・・ 197
フォアグラウンドプロセス・・・・・・・・・ 62
物理ファイル・・・・・・・・・・・・・・・・ 71
プライベートシノニム・・・・・・・・・ 100,101
プライマリデータベース・・・・・・・・・・ 197
プラガブルデータベース・・・ 138,140,248

フラッシュバック ・・・・・・・・・・・・・・・ 182
プランジェネレータ ・・・・・・・・・・・・・・ 127
フレキシブル・ロードバランサー ・・・・・ 35
プログラムグローバルエリア ・・・・・58,62
プロシージャ ・・・・・・・・・・・・・・・・・・・ 103
プロセス ・・・・・・・・・・・・・・・・・・・・・ 62
プロセスモニタープロセス ・・・・・・・63,64
プロセッサ数 ・・・・・・・・・・・・・・・・・・・ 23
ブロックチェーン表 ・・・・・・・・・・・・・ 172
ブロックチェンジトラッキングファイル
・・・・・・・・・・・・・・・・・・・・・・・・・・・・・・ 180
プロパティグラフ ・・・・・・・・・・・・・・・239
ベアメタル ・・・・・・・・・・・・・・・・・・・・・ 36
ページロック ・・・・・・・・・・・・・・・・・・・ 17
ポート番号 ・・・・・・・・・・・・・・・・・・・ 114
保守契約 ・・・・・・・・・・・・・・・・・・・・・ 174
ホットクローン ・・・・・・・・・・・・・・・・ 143

ま行

マイグレーション ・・・・・・・・・・・・・・・236
マスター表 ・・・・・・・・・・・・・・・・・・・・215
マテリアライズド・ビュー ・・・・・ 105,214
マテリアライズド・ビュー・ログ・・・・・215
マルチインスタンス ・・・・・・・・・・・・・ 108
マルチデータベース ・・・・・・・・・・・・・ 108
マルチテナント ・・・・・・・・・・25,138,139
マルチテナントアーキテクチャ ・・・・・・・ 60
無名PL/SQL ・・・・・・・・・・・・・・・・・・・ 54
メインフレーム ・・・・・・・・・・・・・・・・・ 12
メッセージキューイング ・・・・・・・・・・・218
メトリック ・・・・・・・・・・・・・・・・・・・・・ 38
メモリーアドバイザ ・・・・・・・・・・・・・232
メンバー ・・・・・・・・・・・・・・・・・・・・・・ 72
文字データ型 ・・・・・・・・・・・・・・・・・・・ 91
文字列データ型 ・・・・・・・・・・・・・・・・・ 92

や行

ユーザー ・・・・・・・・・・・・・・・・・・・・・・ 80
ユーザー表領域 ・・・・・・・・・・・・・・・・・ 71
ユーザートレースファイル ・・・・ 130,131
ユーザープロセス ・・・・・・・・・・・・・62,64
有償保守サービス ・・・・・・・・・・・・・・・ 29
ユニーク制約 ・・・・・・・・・・・・・・・・・・ 105
読み取り一貫性 ・・・・・・・・・・・・・・・16,78

ら行

ラージプール・・・・・・・・・・・・・・・・・・・ 59
ライブラリキャッシュ ・・・・・・・・・・・・・ 59
ラウンドロビン ・・・・・・・・・・・・・・・・ 108
ラリー・エリソン ・・・・・・・・・ 12,131,133
リージョン ・・・・・・・・・・・・・・・・・・・・ 30
リカバリ ・・・・・・・・・・・ 86,134,176,179
リカバリカタログ ・・・・・・・・・・・・・・・ 180
リスト ・・・・・・・・・・・・・・・・・・・ 154,206
リストア ・・・・・・・・・・・・・・・・・ 176,178
リスナー ・・・・・・・・・・・・・・・・・・・・・ 108
リファレンス・パーティション・・・・・・ 157
リフレッシュ ・・・・・・・・・・・・・・・・・・215
リフレッシュ可能クローン ・・・・・・・・・ 144
リモートデータベース ・・・・・・・・・・・・210
リレーショナル・データベース ・・・・48,49
リレーショナル・データベース
　管理システム ・・・・・・・・・・・・・・・ 12
リレーション ・・・・・・・・・・・・・・・・・・ 49
リンク・・・・・・・・・・・・・・・・・・・・・・・ 211
列・・・・・・・・・・・・・・・・・・・・・・・・・・・ 90
列名・・・・・・・・・・・・・・・・・・・・・・・・・ 90
レプリケーション ・・・・・・・・・・・ 220,221
レプリケーション・ツール ・・・・・・・・・247
レルム ・・・・・・・・・・・・・・・・・・・・・・・ 171
レンジ ・・・・・・・・・・・・・・・・・・・ 154,206
ローカル・ネーミング・メソッド
・・・・・・・・・・・・・・・・・・・・・・・・ 114,115
ローカルデータベース ・・・・・・・・・・・・210
ロール・・・・・・・・・・・・・・・・・・・・・・・ 84
ロールバック ・・・・・・・・・・・・・・・・・・ 76
ログ・・・・・・・・・・・・・・・・・・・・・・・・・ 39
ログスイッチ ・・・・・・・・・・・・・・・・72,73
ログファイル ・・・・・・・・・・・・・ 130,131
ロジカル・スタンバイデータベース
・・・・・・・・・・・・・・・・・・・・・・・・ 199,200
ロック・・・・・・・・・・・・・・・・・・・・・・・ 78
ロックエスカレーション ・・・・・・・・16,17
ロック機能 ・・・・・・・・・・・・・・・・・・・ 16
論理値データ型 ・・・・・・・・・・・・・・・・・ 92

●著者紹介

水田 巴（みずた　ともえ）

19??年生まれ。早稲田大学商学部卒業後、イトマン株式会社
情報システム部、ソフトウェア・インターナショナル株式会
社開発部を経て、1989年に株式会社ブリリアント・スタッ
フの起業に参加、代表取締役となる。もっぱらRDBMSベー
スのシステム開発やコンサルティングを手掛けていたが現在
はIT企業の新人研修業務の傍らで執筆活動を行う。また、ア
マチュアチェリストとしては2017年より2年連続でセシリ
ア国際音楽コンクールで上位入賞を果たし、演奏活動も行う。
終活のひとつとして、10代から続けていた現代詩の作品をま
とめた詩集『深海魚』を2024年春に朔出版様より発刊予定。
なお、無類の猫好きで、自称「猫の下僕」。

●本文イラスト　小泉　マリコ

図解入門よくわかる
最新Oracleデータベースの
基本と仕組み[第6版]

発行日　2024年　3月31日	第1版第1刷

著　者　水田 巴

発行者　斉藤　和邦
発行所　株式会社　秀和システム
　　　　〒135-0016
　　　　東京都江東区東陽2-4-2　新宮ビル2F
　　　　Tel 03-6264-3105（販売）Fax 03-6264-3094
印刷所　三松堂印刷株式会社

©2024 Tomoe Mizuta　　　　　　　　Printed in Japan

ISBN978-4-7980-7179-4 C3055